Konrad Funk

Fotografischer Streifzug mit einem Nationalparkförster

Nationalpark Hunsrück-Hochwald

Im Kleinen das Große entdecken

TiPP4

Widmung

Gewidmet, allen voran, als Dank meinen Eltern Josef und Maria Funk, die im Erscheinungsjahr des Buches verstorben sind und diesen Bildband leider nicht mehr in Händen halten werden. Die mir beide die Augen für die Natur geöffnet und meinen Lebensweg ermöglicht haben.

Meiner ebenfalls im vergangenen Jahr verstorbenen Schwiegermutter Annelore. Meinem Schwiegervater Herbert, der selbst von 1959 bis 1990 Förster in Otzenhausen am Keltenring, im Gebiet des heutigen Nationalparks war. Geistig topfit mit seinen 90 Jahren, hat er mir bei der Entstehung des Buches oft kritisch und unterstützend über die Schulter geschaut. Er wird dieses Buch sicher als Erster gelesen haben. Nicht zuletzt und von ganzem Herzen meiner lieben Frau

Bettina, die von Anfang an daran geglaubt hat, dass es einmal fertig wird und mich bei so mancher Talfahrt wieder aufgerichtet hat. Als Dank für ihre unendliche Engelsgeduld – nicht nur bei diesem Buch –, sondern bei meiner ungebremsten Leidenschaft für die Naturfotografie. Meinen beiden treuen Bayerischen Gebirgsschweißhunden Gustel und Bruno, die mich auf so manchem fotografischen Streifzug durch Feld und Wald aufmerksam begleitet haben. Gewidmet natürlich auch diesem Nationalpark Hunsrück-Hochwald selbst, der schon vor seiner Entstehung zu meinen fotografischen Streifgebieten zählte. Möge dieses Großschutzgebiet Menschen von Nah und Fern für seinen Erhalt gewinnen und sie durch die Schönheit direkt vor unserer Haustür begeistern.

November, im Jahre 2015

Grußwort

Die Faszination der Menschen für die Wildnis kennt keine Grenzen, so belegen Umfragen. Mit der Einrichtung des länderübergreifenden Nationalparks Hunsrück-Hochwald im Jahr 2015 haben die Länder Rheinland-Pfalz und Saarland nicht nur einen wertvollen Ausschnitt der einzigartigen Waldlandschaft der Hunsrück-Hochwald-Region dauerhaft unter Schutz gestellt, sondern leisten auch einen wichtigen Beitrag zum Erhalt der biologischen Vielfalt.

Die Wälder, Moore und Blockhalden beherbergen eine vielfältige und zum Teil seltene Flora und Fauna. Begegnungen und Naturschönheiten, die wir gerne in uns aufnehmen und von denen wir uns inspirieren lassen. Doch oftmals sind wir nicht zum richtigen Zeitpunkt am richtigen Ort, um die Erhabenheit und Einzigartigkeit der Natur zu erleben.

Folgen Sie dem vielfach ausgezeichneten Naturfotografen und Förster Konrad Funk auf seiner Reise zu den Naturschönheiten des Nationalparks Hunsrück-Hochwald. Verfolgen Sie mit, wie sich das Gesicht des Waldes mit allem, was in ihm lebt, im Jahreswandel verändert und welche Schätze sich in ihm verbergen. Nicht nur für den Wald, sondern auch für die Menschen vor Ort und für unsere Länder eröffnet der Nationalpark Hunsrück-Hochwald eine großartige Chance. Seine Anziehungskraft stärkt den Tourismus ebenso wie die Identität und die Kultur in der Region. Im Einklang von Natur und Mensch kann so ein Stück natürliche Zukunft entstehen.

Wir wünschen Ihnen viel Freude an diesen beeindruckenden Bildern und laden Sie herzlich zu einem Besuch des Nationalparks Hunsrück-Hochwald ein.

Ihre

Ulrike Höfken, Ministerin für Umwelt,
Landwirtschaft, Ernährung, Weinbau und Forsten
des Landes Rheinland-Pfalz

Ihr

Reinhold Jost, Minister für Umwelt und
Verbraucherschutz des Saarlandes

Vorwort

Natur ist vielfältig. In jeder Ausprägung ist sie einzigartig und erschafft sich immer wieder neu. Im Großen und im Kleinen. In der Gemeinschaft oder im einzelnen Objekt. Belebt und unbelebt. Gerade erst entstanden oder bereits im Zerfall. Vieles ist nach wie vor nicht bekannt.

Nahezu alle Flächen unseres Landes sind bewirtschaftet. Hierfür gab und gibt es gute Gründe. Um das Naturerbe aber zu bewahren benötigen wir Räume, in denen die Natur die Dinge auch ohne menschliche Bewirtschaftung regeln kann: „Natur Natur sein lassen" lautet die Devise von Nationalparks. In diesen Wildnisgebieten sollen die natürlichen Prozesse ungestört vonstatten gehen und die Lebensgemeinschaften sich selbst organisieren.

„Wildnis" jedoch ist ein sehr stark emotional geprägter Begriff. Er berührt im Inneren. Manche Menschen sehnen sich danach, weil Verlorenes oder Vergessenes in unserer industrialisierten und digitalisierten Welt wieder eine Chance erhält. Andere haben Angst vor einer gefühlten Form von Kontrollverlust und fürchten, dass Bekanntes aus den Fugen gerät.

Die Menschen in der Hochwald-Region des Hunsrücks haben sich dieser Diskussion angenommen und drei Jahre lang über die Gründung des Nationalparks verhandelt. Am Ende gab es eine breite Zustimmung. Der Nationalpark ist somit auch ein Bürger-Nationalpark. Solche Prozesse können nur gelingen, wenn sich Menschen aus der Region selbst engagieren und mit einbringen. Wenn sich Meinungsbildung durch aktive Auseinandersetzung ergibt und Inhalte vermittelt werden, die Unterstützung finden.

Der Hunsrück-Hochwald ist eine einzigartige Region, die durch ihre Randlage in einer Art Dornröschen-Schlaf gelegen hat. Kaum ein anderes Gebiet kann Moore, Felsformationen, kühl-feuchte Höhenlagen und warm-trockene Übergangsbereiche in Richtung der Weinbauregionen in kleinräumigem Wechsel miteinander verbinden. Auch der keltisch-römische Einfluss hat das Gebiet geprägt und macht die gesamte Region weit über die Grenzen des Nationalparks hinaus für Besucher attraktiv.

Hierbei sagen Bilder mehr als Statistiken und wissenschaftliche Arbeiten. Mit dem vorliegenden Bildband verbinden sich alle zuvor genannten Aspekte. Konrad Funk ist eben nicht nur einer der Bekannten in der Welt der Naturfotografie, er stammt auch aus der Region und vermittelt mit seinen Bildern ein Stück seiner Heimat. Als Förster hat er diese mitgestaltet. Aufgrund seiner Ortskenntnis und Erfahrung hat er Zugang zu Motiven gefunden, bei denen das Objekt selbst und auch seine fotografisch-künstlerische Abbildung eine neue Dimension der Darstellung erfahren. Im Großen, im Kleinen, in der Ruhe, in der Bewegung. Möge das Buch Freude machen, die Naturschönheiten des Nationalparks Hunsrück-Hochwald kennenzulernen. Möge es ein Anreiz sein, das Gebiet zu besuchen und gleichermaßen einen Streifzug zu machen, wie ihn Konrad Funk mit seinen Fotografien vermittelt.

Dr. Harald Egidi
Leiter Nationalparkamt

Nationalpark Hunsrück-Hochwald

7

Inhalt

12

Der Nationalpark
Hunsrück-Hochwald

30

Der Schwarzspecht

38

Im Kleinen das
Große entdecken

50

Die Moore im
Nationalpark

60

Frühling im
Nationalpark

74

Schwarzstörche und
andere „Schreitvögel"

80

Sommerflor

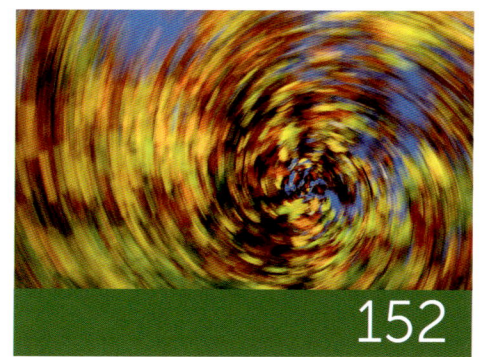

Überblick

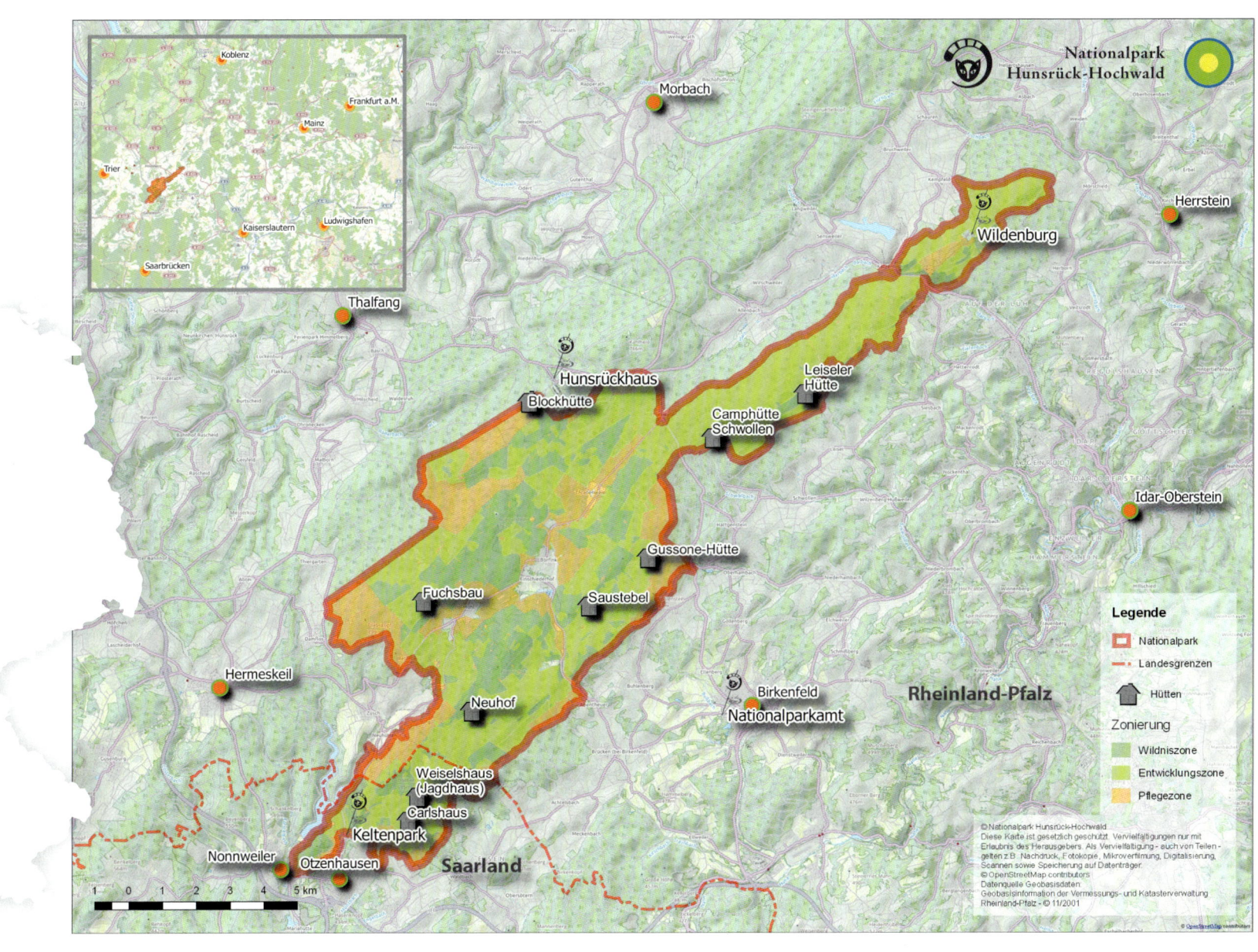

Der Nationalpark Hunsrück-Hochwald

Wälder – Moore – Rosselhalden

Der Nationalpark Hunsrück-Hochwald wurde am 1. März 2015 gegründet. Er ist der 16. Nationalpark in Deutschland. Als länderübergreifender Nationalpark erstreckt er sich vom Keltenring in Otzenhausen auf saarländischer Seite bis hin zum Gebiet der Wildenburg bei Kempfeld als östliche Begrenzung in Rheinland-Pfalz. Die Gesamtfläche von gut 10.000 Hektar setzt sich zusammen aus 970 Hektar des Kreises St. Wendel im Saarland und 9.260 Hektar der rheinland-pfälzischen Landkreise Birkenfeld, Bernkastel-Wittlich und Trier-Saarburg.

▲ Blick von Vorkastell

Einleitungsseite links:
Primstalsperre

Einleitungsseite rechts,
von oben nach unten:
Königsbachweiher
Vorkastell
Abendstimmung
Primstalsperre

Als Mittelgebirgslandschaft wird der Nationalpark Hunsrück-Hochwald von Höhenzügen gebildet, die größtenteils von Südwest nach Nordost streichen. Die unterschiedlichen Höhenlagen von unter 400 m bis über 800 m über NN schaffen eine kleinklimatische Vielfalt. Der Erbeskopf ist zudem mit seinen 816 m über NN die höchste Erhebung von Rheinland-Pfalz. Die Höhenzüge bestehen größtenteils aus Quarzit. Dieses 380 Millionen Jahre alte Gestein stammt erdgeschichtlich aus dem Devon. Seine Felsrippen, Blocküberlagerungen und Blockschutthalden, im Hunsrück „Rosselhalden" genannt, sind typisch für das Bild dieses Nationalparks. Hinzu kommen die ausgedehnten Wälder sowie die Quell- und Hangmoore, die der Hunsrücker als „Brücher" bezeichnet. Die enge, unzertrennliche Verbindung von Wald, Fels und Wasser zieht sich wie ein rotes Band durch den ganzen Nationalpark.

Mit seinen jährlichen Niederschlägen von bis zu 1.100 mm und den Jahresdurchschnitts-temperaturen von 7 bis 8 Grad Celsius erscheint er auf den ersten Blick eher als herbe Schönheit denn als Sonnenurlaubsland. Wer aber die mitunter nebelverhangenen Wälder und Moore einmal so mystisch und farbensatt wie sonst bei keinem Sonnenschein erlebt hat, wird begeistert sein und diese einmaligen Stimmungen nie mehr vergessen.

Wer den Hochwald auf schneller Straße durchfährt, der kann ihn auch nicht erleben. Durch manchen Kopf geistern noch immer die reinen Fichtenwälder, die in den Nachkriegsjahren (Reparationshiebe) aufkamen und oft nahe der Asphaltstraße zu sehen sind. Etwas mehr versteckt dahinter liegt der Nationalpark mit seinen mitunter sehr großen, altholzreichen Buchenwäldern. So wird manch einer auch verwundert sein, dass die Buche bei der Baumartenverteilung das Feld mit 48 % anführt und dann erst von der Fichte mit 37 % und den sonstigen Laub- und Nadelhölzern mit 15 % gefolgt wird. Der hohe ökologische Wert dieser Buchenwälder besteht auch darin, dass sie auf einer Fläche von fast 2.000 Hektar älter als 120 Jahre sind.

Das Leitziel der deutschen Nationalparks „Natur Natur sein lassen" gilt auch für den Nationalpark Hunsrück-Hochwald. Da der Hochwald, wie alle Wälder Deutschlands, in den letzten Jahrhunderten sehr stark vom Menschen beeinflusst und verändert wurde, können in den sogenannten Entwicklungsbereichen bis zu 30 Jahre lang Maßnahmen durchgeführt werden, die zu einer größeren Naturnähe führen sollen. So werden die Entwässerungsgräben, die fast alle Brücher durchziehen, verschlossen, um den ursprünglichen Wasserhaushalt wiederherzustellen. Dauerhafte Pflegezonen ermöglichen u. a. die Offenhaltung der Arnikawiesen. In den Wildnisbereichen, deren Flächenanteil 30 Jahre nach Begründung des Nationalparks bei über 75 % liegen soll, geschehen derweil jetzt schon keine Eingriffe mehr.

Flora und Fauna haben einiges zu bieten. Von den heimischen Wildarten kommen

Rothirsch, Reh- und Schwarzwild vor. Wildkatze und Schwarzstorch stellen dem Nationalpark ein besonderes Gütesiegel aus. Die im zeitigen Frühjahr blühenden wilden Narzissen im Trauntal sind ebenso ein Anziehungspunkt wie die Arnika- und Bärwurzblüte im Sommer.

Man sollte sich den Blick auch für die kleineren Schönheiten offen halten. Wollgras, Moosbeere, Siebenstern und fleischfressende Pflanzen wie der Sonnentau fordern im Moor erhöhte Aufmerksamkeit. Auf den Felsrippen und Rosselhalden kommen artenreich Moose und Flechten vor.

Der Nationalpark Hunsrück-Hochwald hat neben viel Natur auch viel Geschichte aufzuweisen. Hiervon zeugen die Siedlungsanlagen der Kelten, die sich wie an einer Perlenschnur aufgereiht vom Keltenring bei Otzenhausen über Vorkastell, Ringskopf und Kirschweiler Festung bis hin zur Wildenburg ziehen. Die römischen Siedlungsanlagen, vor dem Park gelegen, zeugen von der Anwe-

senheit Caesars und beschäftigen noch heute die Historiker in vollem Umfange.

Im Gegensatz zu manch anderem Nationalpark hat der Nationalpark Hunsrück-Hochwald ein freies Betretungsrecht. Unabhängig davon wird aber empfohlen, sich an die ausgewiesenen Wege zu halten. Die vor der Ausweisung bereits existierenden Naturschutzgebiete und Naturwaldzellen unterliegen nach wie vor einer zusätzlichen Regelung des Betretungsrechtes.

Die Kernaufgabe eines Großschutzgebietes mit höchstem Anspruch und Standard – wie dem eines Nationalparks – ist die Erhaltung der Natur und ihrer Entwicklungsprozesse. Dadurch entsteht ein Freilandlabor für die Wissenschaft. So gehört auch die Forschung zu den vorrangigen Aufgaben im Nationalpark ebenso wie Umweltbildungs- und Erlebnisprogramme.

◄ Morgenstimmung

▶ Langbruch mit Wollgras

Nachfolgende Seiten:
Borstgrasrasen
Blick vom Dollberg
Richtung Eisen

Vorherige Seite:
Eiche am Beilfels
Erbeskopf im Winter
Keltenring aus der Luft
betrachtet

▶ Primstalsperre

▶ Offenlandfläche bei
Thranenweier

▶ Beilfels bei Abentheuer

Der Schwarzspecht

Zimmermann des Waldes

Wer im Nationalpark Hunsrück-Hochwald nur Fichten erwartet, wird erstaunt sein. In dem nach den Reparationshieben des letzten Krieges überwiegend mit Fichten aufgeforsteten Gebiet macht der Buchenanteil heute stolze 48 % aus. Und gerade für die Rotbuchenwälder haben wir hier in Europa eine besondere Verantwortung, da es sie nur bei uns gibt. Auf vielen Flächen haben uns unsere Vorgänger bereits naturgemäß bewirtschaftete Buchenbestände mit hoher Vielfalt überlassen. Dort finden sich reichlich Totholz und als nächste Generation bereits wieder viele junge Bäume aus natürlicher Ansamung auf derselben Fläche. Dafür sollten wir dankbar sein. Denn hier kann im neuen Nationalpark eine Entwicklung weiterlaufen, die bereits unter unseren Forstkollegen begonnen hat.

Der Schwarzspecht ist von den in Mitteleuropa vorkommenden Spechtarten die größte. Männchen und Weibchen sind einheitlich schwarz gefärbt und unterscheiden sich einzig durch ihren Kopfschmuck. Beim Männchen ist die gesamte Kopfoberseite rot gefärbt, das Weibchen weist nur einen roten Fleck am Hinterkopf auf.

Nicht alle Waldbesucher werden den scheuen Vogel überhaupt zu Gesicht bekommen. Wer aber seine Ohren offen hält, kann schnell seinen markanten „krüü-krüü-krüü"-Ruf – im Flug erkennen. Am Baum sitzend, klingt der Ruf wie ein lang gezogenes „kliehh". Nicht zu überhören ist auch das Trommeln an hohlen Baumstümpfen oder dürren Ästen, eben auf einem geeigneten Resonanzboden. Der Schwarzspecht braucht alte und starke Buchen als Brutbaum. Seine Höhlen schlägt er in schwindelerregender Höhe, meist unter dem Kronenansatz, ins Holz. Er ist in der Lage, auch gesunde Buchen aufzumeißeln und freut sich dann, wenn er im Inneren einer Buche auf weißfaules Holz stößt, das sich leichter bearbeiten lässt. Wer den Specht nicht sieht oder hört, kann ihn anhand der Indizien seiner Nahrungssuche bestätigt finden. Er hackt mitunter große Löcher in den unteren Stamm von zum Teil faulen Fichten oder deren Stümpfe auf der Suche nach Rossameisen. Da fliegen dann sehr große Späne, die unübersehbar schnell den ganzen Boden bedecken. Auch Borkenkäfer und Holzwespenlarven gehören zu seinem Nahrungsspektrum. Daher braucht der Schwarzspecht alte Fichten wie Buchen, was hier im Nationalpark sichergestellt ist.

◄ Schwarzspechtmännchen beim Füttern

▲ Schwarzspechtmännchen beim Wohnungsbau

►► ... und bei der Sicherheitsüberprüfung des Luftkorridores

► Der Waldkauz nutzt die verlassene Schwarzspechthöhle, hier ein Jungvogel.

Man könnte den Schwarzspecht auch als Erfinder des „sozialen Wohnungsbaus" bezeichnen. Er schafft für andere Höhlenbewohner, die nicht selbst die Zimmermannsarbeit ausführen können, den geeigneten Brutraum. Hat er seine Höhle verlassen und eine neue angelegt, folgen sie ihm auf dem Fuße. Besonders fördert er die Hohltaubenbestände in unseren Wäldern, aber auch Waldkauz, Raufußkauz, Kleiber, Fledermäuse, Siebenschläfer, Eichhörnchen, Hornissen und viele mehr.

Schwarz- und Buntspecht sind ein Symbol für naturnahen Wald

Ein naturnaher Wald ist immer auch ein Spechtwald. Und wo im Wald kann die Naturnähe größer sein als in einem Nationalpark? In Laub- und Nadelmischbeständen

und in einem Nebeneinander von jungen und alten Bäumen, ja gerade auch von Totholz, ist die beste Grundlage für einen spechtfreundlichen Wohn- und Nahrungsraum gegeben.

Der Buntspecht besiedelt lieber Fichten als Buchen und zimmert seine Höhle in nicht allzu großer Höhe. In den mitunter schon holzfaulen Fichten lässt es sich leichter arbeiten. Nicht selten hat er seine Höhle direkt unter dem „Dach" eines Baumpilzes, wie zum Beispiel dem Rotrandigen Baumschwamm, angelegt. Er nutzt sozusagen dessen Fruchtkörper als eine Art Regenschutz.

Buntspechte sind allerdings weniger Hackspechte als die Schwarzspechte. Sie suchen ihre Nahrung wie Raupen, Käfer und Ameisen viel lieber an der Oberfläche. Auch Früchte mag der Buntspecht, etwa Kirschen und Erdbeeren. Im Winter, wenn es an tierischem Eiweiß mangelt, müssen Nüsse und Fichtenzapfen herhalten. Um diese als Nahrung zu erschließen, benutzt der Buntspecht als Hilfsmittel sogenannte „Spechtschmieden", eine Art Werkbank, in die er Nüsse oder Zapfen einklemmt. Ist ein Fichtenzapfen hinter groben Rindenschuppen eingeklemmt, können hier die Samen leicht herausgehackt werden. Hält man auch im Wirtschaftswald bei der naturgemäßen Waldbewirtschaftung stets ein Auge auf Tot- bzw. Biotopholz und Spechtbäume, so ist der Schutz für diese Arten in einem Nationalpark wie dem Hunsrück-Hochwald, wo die Natur Natur sein darf, noch ungleich höher. In der Naturzone finden keinerlei forstliche Eingriffe mehr durch

◄◄ Hohltaube

▶ Junges Schwarzspechtmännchen wartet auf Futter

◄ Buntspechtmännchen mit Nahrung im Schnabel

▼ Mittelspecht

◄ Der Star nutzt eine verlassene Spechthöhle, hier bei der Fütterung zu sehen.

▶ Ein Buntspecht-Jungvogel wartet auf Futter.

▼ Hornissen haben eine ehemalige Spechthöhle zum Wohnungsbau genutzt.

den Menschen statt. Somit herrscht hier das ganze Jahr über völlige Ruhe. Der jetzt schon hohe Anteil an Althölzern, gerade der wichtigen Buchenalthölzern wird stetig anwachsen und damit ein Optimum an für Spechtarten bruttauglichen, stark dimensionierten Bäumen vorhalten. Was für den Specht gut ist, ist auch für viele andere Waldbewohner von Vorteil.

Im Kleinen das Große entdecken

„In der ganzen Natur ist kein Lehrplatz,

lauter Meisterstücke."

Johann Peter Hebel (1760 – 1826)

Einleitungsseite links:
Buchenblattminiermotte

Einleitungsseite rechts
von oben nach unten:
Eichenblatt
Keimender Fichtensamen
Sauerklee

▲ Blüte des Sonnentaus,
sich aufrollend

Von großen Tieren, den „Big Five", ist oft die Rede, wenn man an National-parke denkt. Tatsächlich könnte man auch im Nationalpark Hunsrück-Hochwald solche benennen, wie etwa den Rothirsch, einen stattlichen Vertreter dieser Größen-ordnung. Wer aber von einem Wald-Natio-nalpark redet, der weiß, dass es auch hier um Artenvielfalt geht. Biodiversität lautet das Zauberwort, und diese zeichnet sich beileibe nicht nur durch „große Tiere" aus. Die unge-heure und auf den ersten Blick gerne über-sehene Welt der Klein- und Kleinstlebewe-sen und die faszinierende Welt der Pflanzen, Pilze und Algen machen die Biodiversität – die Artenvielfalt – im Nationalpark Huns-rück-Hochwald aus. Um sie zu erleben und kennenzulernen, muss man nicht gleich mit der Lupe durch Wald und Moor gehen, wie etwa die Botaniker. Das Makroobjektiv oder auch nur das geschulte Auge geben uns hier schon reichlich Einblicke ins Detail.

Da sind zum Beispiel die männlichen und weiblichen Buchenblüten, die wir kaum zu Gesicht bekommen, weil sie hoch droben im Kronenraum ihren Platz haben. Aus den weiblichen Blüten entwickeln sich in einer Fruchtkapsel je zwei Bucheckern. Die männ-lichen Blüten fallen zu Boden, wenn sie ihre Funktion erfüllt haben. Aus den Bucheckern werden die Keimlinge der Buche mit ihren dicken fetten Keimblättern, die wie zwei „Elefantenohren" aussehen.

Auch eine fleischfressende Pflanze ist etwas Besonderes. Ihre zum Fang von Kleininsek-ten mit klebrigen Tentakeln ausgestatteten Blätter leuchten glitzernd rot im Gegenlicht.

Etwas näher betrachtet zeigt uns ein Blatt mit Löchern Raupen, die geradezu synchron zu knabbern scheinen.

Oder ein Buchenblatt im Gegenlicht. Hier futtert sich die Larve der Buchenblatt-Miniermotte hauchdünn durchs Blatt und schafft mit ihrer Hinterlassenschaft ein kunstvoll gewundenes Band zwischen zwei Blattrippen.

Die Metamorphose (Umwandlung) der Insekten und hier insbesondere der Schlupf eines heimischen Schmetterlings ist immer wieder ein Wunderwerk aufs Neue.

Auch die Entfaltung und filigrane Schönheit einer Libelle, wie etwa der Blaugrünen Mosaikjungfer, die uns in der Entwicklung der Technik sicherlich ein Vorbild war.

Wie perfekt Symbiosen sein können, zeigt uns besonders die Lebensgemeinschaft von Alge und Pilz. Wir kennen sie als Flechte, die fast überall an unseren Bäumen vorkommt. Wir finden sie aber auch auf den Felsrippen und Blockschutthalden (Rosselhalden) des Nationalparks.

Schier unendlich erscheinen uns Formen- und Farbenvielfalt der heimischen Pflanzenwelt. Sich aufrollende Farnwedel ziehen unsere Blicke an. Geschwungenen Bischofsstäben gleich, ähneln sie auch den Windungen eines Schneckenhauses.

Für technische Weiterentwicklungen kopieren wir heute häufig die Baupläne der Natur, die sich über Jahrtausende und Jahrmillionen entwickelt und perfektioniert haben. Denken wir beispielsweise an prächtige Wendeltreppen, an den Lotuseffekt oder an moderne Fachwerkkonstruktionen. Wir haben uns von der Natur nicht nur die funktionale Technik, sondern gleichermaßen auch die Schönheit – das Kunstwerk – abgeschaut. Im Mikrokosmos erschließt sich uns das Gesamtuniversum. Wir dürfen also ruhig auf das Kleine schauen, um das Großartige zu entdecken.

Lassen wir daher gedanklich die „Big Five" außen vor und richten unseren Blick auf die Vielfalt, die häufig im Verborgenen unseres Wald-Nationalparks Hunsrück-Hochwald lebt.

▲ Buchdrucker
Borkenkäfer: Fraßgänge
der Larven mit Larven
und Puppenstadium

Folgeseiten:
Maikäfer
Gewöhnlicher Wurmfarn

▶ Flechtenvielfalt überall,
auf Holz und auf Stein

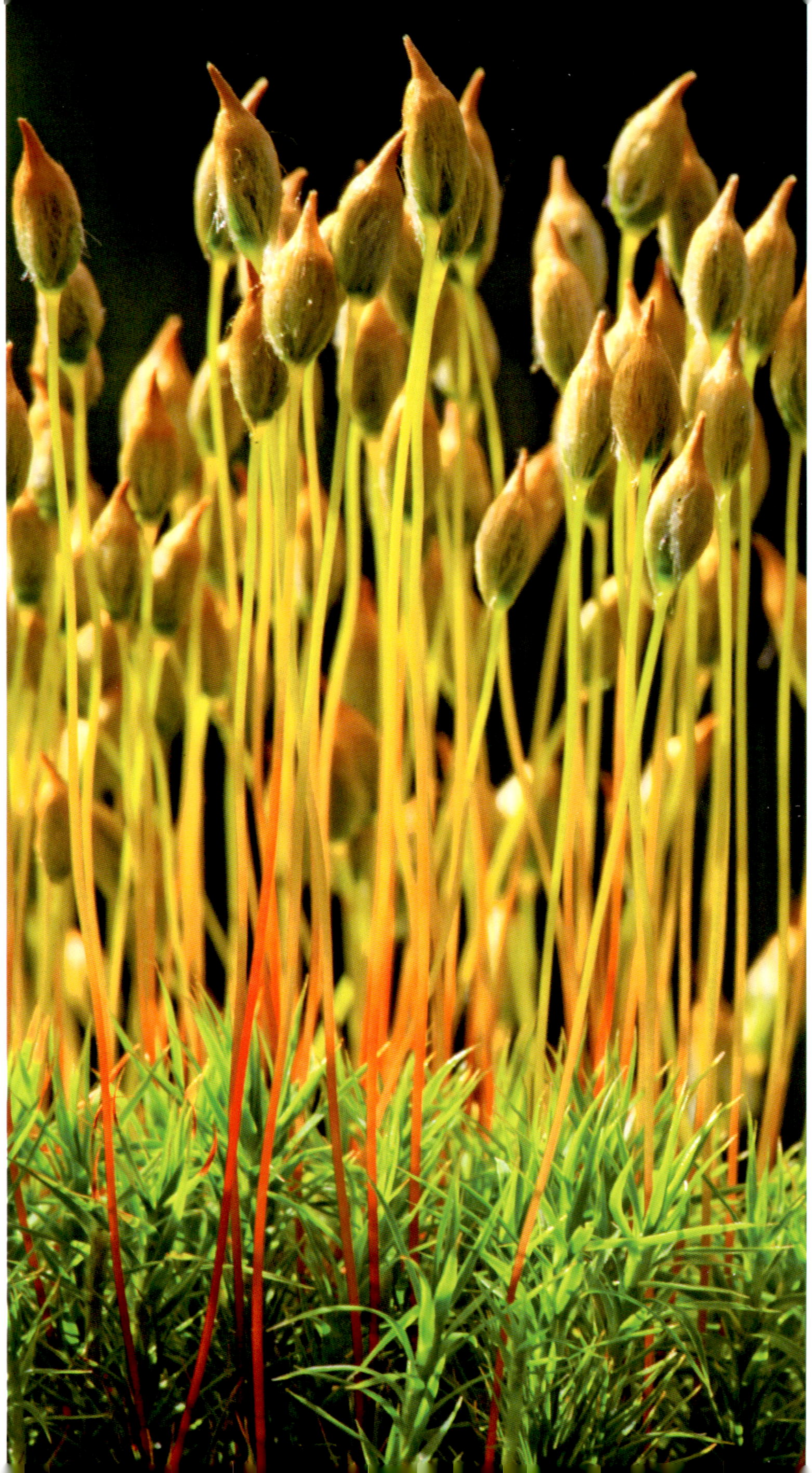

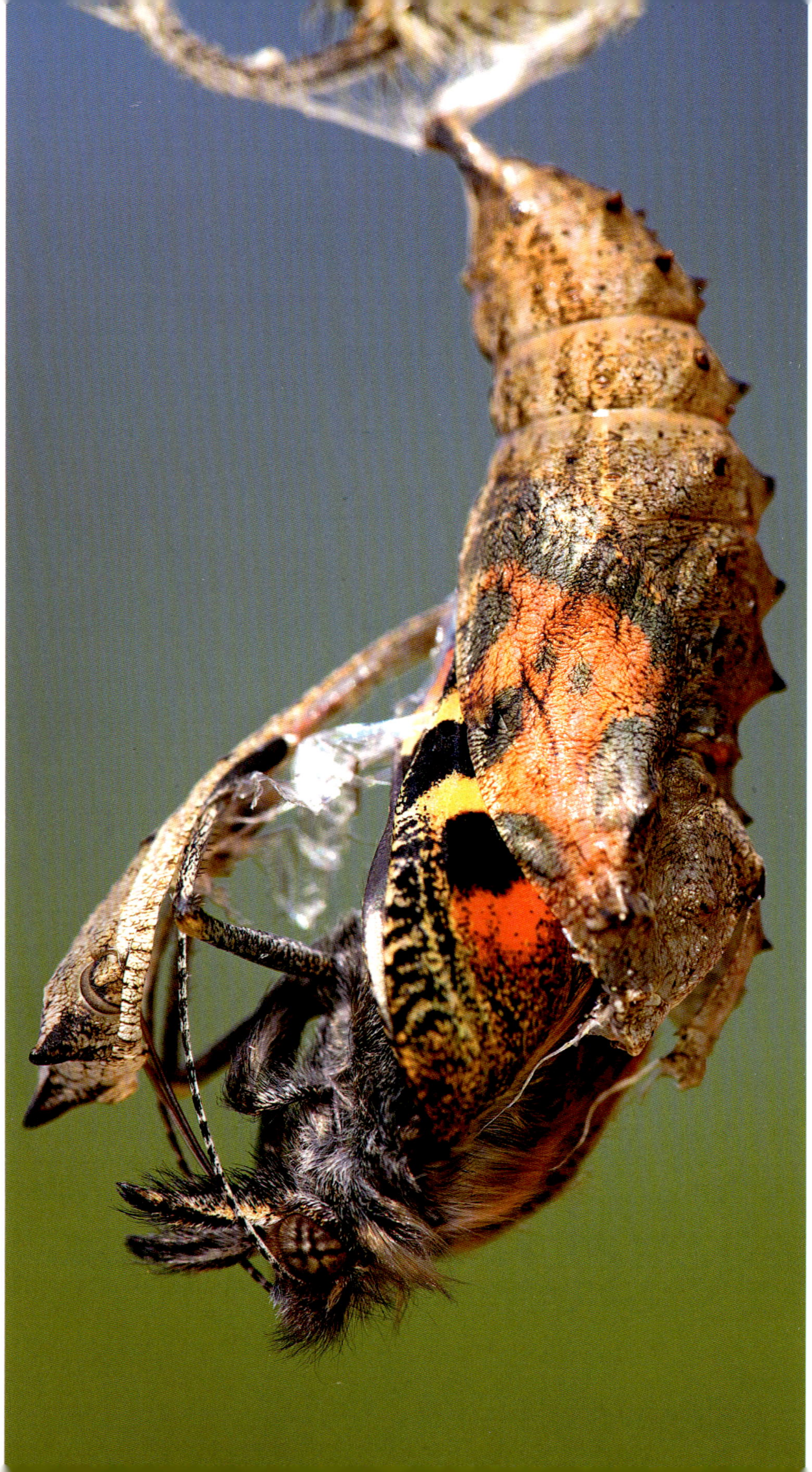

◄ Schlüpfender Falter: „Kleiner Fuchs"

◄◄ Schönes Widerton-moos, auch Schönes Frauenhaarmoos genannt

▶ „Pilzfisch": Schnecken haben auf dem Fliegenpilz ein Augenloch geraspelt, der eingerissene Pilzhut bildet den Mund.

◄ Raupen der
Weidenblattwespe

▶ Raupe des
Frostspanners

◄ Hainbänderschnecke

► Sauerklee

profitieren hiervon, indem sie besser mit Wasser versorgt werden.

Moore tragen aber auch zum Klimaschutz bei. Denn in Mooren wird das organische Material mit dem darin gespeicherten Kohlenstoff nicht zersetzt, was wiederum eine Freisetzung von Kohlendioxid in die Atmosphäre bedeuten würde, sondern wird als Torf im Boden unter Sauerstoffmangel eingelagert. Und mit ihm der Kohlenstoff, der dadurch dem Kreislauf entzogen wird. Moore sind daher – wie naturnah bewirtschaftete Wälder auch – sogenannte Kohlenstoffsenken.

Die einst in Hunsrück und Hochwald großflächiger verbreiteten Moore und Moor-Bruchwald-Gebiete wurden noch bis vor etwa knapp zwei Jahrzehnten vom Menschen nachhaltig beeinflusst und gestört. Fast alle Flächen wurden durch Anlegen von Entwässerungsgräben trockengelegt, um anschließend schnell wachsende, ertragsreiche Bäume, insbesondere Fichten, aufforsten zu können. Dies erfolgte aus wirtschaftlichen Gründen, wachsen die meisten Baumarten doch nur dort, wo sie nicht im Wasser stehen. Denn Wurzeln brauchen Sauerstoff, und diesen finden sie nun einmal nicht bei Staunässe.

▲ Im Riedbruch

Auch der forstliche Wegebau veränderte den Gebietswasserhaushalt. Hangwasser wurde in seiner Fließrichtung beeinträchtigt und häufig abgelenkt, abgeleitet oder im Abfluss beschleunigt. Manche Wege wirken wie ein Schnitt quer durch einen Schwamm, der dann ausläuft. Die damit verbundene Erosion hat das Wasser schnell aus der Fläche in Richtung Bäche und Flüsse geführt.

Seit einigen Jahren versucht man, diese Fehler der Vergangenheit zu korrigieren. „Moorrenaturierung" heißt hier das Schlagwort. Mit ganz gezielten Maßnahmen, wie dem Verschließen von Entwässerungsgräben, soll erreicht werden, dass das Wasser – als entscheidende Voraussetzung für das Leben im Moor – wieder auf die Fläche gebracht wird. Das Entnehmen der Fichten und sonstiger, nicht standortgerechter Gehölzen, trägt dazu bei, dass wieder Platz geschaffen wird für die Entwicklung einer moortypischen Vegetation mit Moor- und Sandbirken, Schwarzerlen, Vogelbeere und anderen Baumarten.

Die Moorbirke ist eine besondere Charakterart der Moore. Sie ist die bestimmende Art der Birken-Bruchwälder, die großflächig feucht sind, im Sommer aber auch mal austrocknen können. Man kann sie von der Sandbirke durch ihre aufrechten, nicht hängenden Zweige unterscheiden. Auch die Blätter sind ein deutliches Indiz; bei der Moorbirke sind sie samtig weich, bei der Sandbirke eher glatt und glänzend. Die Moorbirke wird zudem lieber vom Wild verbissen, was ihr mitunter stark zusetzt. Im Nationalpark sind mächtige Moorbirken mit einem Alter von bis zu 120 Jahren zu finden.

Wenn die Standortbedingungen stimmen, kommen auch wieder die für Moore so typischen Arten wie die Torfmoose. Moore wachsen allerdings sehr langsam. Bis zu einem Millimeter pro Jahr bauen sich die Torfmoose auf. Die unterschiedlichen Arten kann allerdings nur der Fachmann mithilfe von Lupe und Mikroskop unterscheiden. Die Torfe in der Hunsrück-Hochwald-Region sind sehr alt, von mehreren tausend Jahren ist die Rede. Dabei erreichen sie überwiegend 30 bis 60 cm, mitunter auch bis zu zwei Metern Mächtigkeit. Sie sind aber nicht zu vergleichen mit den großen Mooren in Norddeutschland, England oder Irland.

Die Flora der Hangbrücher ist eine eigene. Bei einem Besuch des Riedbruches bei Thranenweier beispielsweise fällt neben den verschiedenen Torfmoosen vor allem eine Moosart auf, die in Bulten wächst und deren leuchtend goldene Sporenkapseln im Gegenlicht wie Frauenhaare aussehen. Es handelt sich um das „gewöhnliche Frauenhaarmoos", welches hier flächendeckend vorkommt. Daneben sind es vor allem Seggen, Farne und Binsen, ferner Moosbeere, europäischer Siebenstern, Orchideen, Scheidiges und Schmalblättriges Wollgras sowie der

Sonnentau, die man in den Hangbrüchern finden kann. Der Sonnentau nimmt eine besondere Stellung ein: Er gehört zu den fleischfressenden Pflanzen. Seine standortbedingten Stickstoffdefizite deckt er aus der Verdauung von kleinen Insekten ab, die er mit seinen klebrigen Blättern umschließt.

Der Sumpfhaubenpilz (*Mitrula paludosa*) leuchtet knallig orange im Kontrast zum saftig grünen Torfmoos. Man muss sich schon bücken, um die kleinen Schönheiten zu entdecken. Die Moosbeere als immergrüner, niederliegender Zwergstrauch schlängelt sich mit seinen dünnen Fäden über die Moospolster. Während man ihre roten Früchte noch recht gut erkennt, bleiben die winzigen, wunderschönen Blüten aber meist verborgen.

Pfeifengras, Heidelbeere und Heidekräuter säumen auf den im Sommer austrocknenden Moorheiden den ganzjährig nassen Zentralbereich der Moore. Als Besonderheiten der Fauna seien Mooreidechse und Hochmoor-Perlmutterfalter erwähnt. Moore üben zu jeder Jahreszeit eine große Anziehungskraft aus. Sind es das frische grüne Laub der Moorbirken im Frühjahr oder die flockig weichen, weißen Wollgräser im beginnenden

▲ Im Ochsenbruch

◀ Alte Moorbirken im Langbruch ◀◀ Wollgras

◄ Gewöhnliches
Frauenhaarmoos

Sommer, so erfreuen die Besucher nicht minder die unbeschreiblich schönen Stimmungen in Herbst und Winter. Wenn die Moorbirken von Raureif oder Eisanhang überzogen sind, wird man von dieser grazilen Schönheit ebenso gefangen genommen wie von den nebelverhangenen und eher schon düsteren Tagen im Moor. Ein Besuch der Moore und Hangbrücher lohnt sich zu jeder Jahreszeit!

◄ Moosbeere

▼ Waldschachtelhalm

►► Nächste Doppelseite
von links nach rechts:
Torfmoos, winzige Blüte
der Moosbeere und
abgestorbene Moorbirke

► Uralte Moorbirke

▼ Rundblättriger
Sonnentau im
Ochsenbruch

► Sumpfhaubenpilz im
Torfmoos

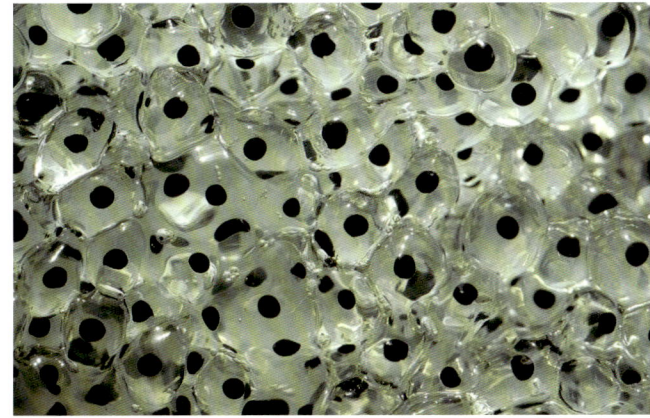

Frühling im Nationalpark

**Zitronenfalter, Wilde Narzissen und Frösche
ziehen uns in ihren Bann**

Wenn der lange Winter den Nationalpark Hunsrück-Hochwald aus seiner Umklammerung entlässt,
geht alles ganz schnell.

▶ Buchenblüte

▼ Wilde Narzissen

Ein erster Vorfrühlingsbote ist der mitunter noch bei Schnee im Trauntal blühende Seidelbast. An ihm finden Zitronenfalter und Hummeln ihren Gefallen. Der Zitronenfalter hat eine Lebenserwartung von bis zu elf Monaten. Somit ist er ein wahrer Methusalem unter den heimischen Schmetterlingen. Er überwintert auch als Schmetterling dank eines Frostschutzmittels (unter anderem Glycerin) in seinem Blut und erträgt Temperaturen bis minus 20 Grad. So kann er im Frühling unschlagbar von der Poleposition starten. Die Männchen sind leuchtend gelb, die weiblichen Falter eher blass-weißlich gefärbt. Die Raupen des Zitronenfalters leben an den Blättern des Faulbaumes.

Die Gelbe Narzisse (*Narcissus pseudonarcissus*), auch Wilde Narzisse genannt, ist im Nationalpark Hunsrück-Hochwald heimisch. Sie verzaubert die Landschaft und lockt im März die Besucher in Scharen zur Narzissenblüte ins Trauntal. Zwischen Brücken, Abentheuer, Einschieder Hof und Börfink kann man die Wildnarzisse bestaunen. Auch in den angren-

zenden Teilen des Oberen Naheberglandes kommt sie vor. Ferner als sogenannte „Schwemmlinge" an der Nahe bis unterhalb von Hoppstädten, wenn Pflanzen oder Samen mit den Flusssedimenten, zum Beispiel bei Hochwasser, flussabwärts geschwemmt werden. Darüber hinaus ist die wilde Narzisse nur noch in Eifel und Hohem Venn heimisch. Sie kam ursprünglich in frischen Laubwäldern vor, wo sie gelegentlich auch heute noch existiert, jedoch ohne zur Blüte zu kommen. Ursprünglich breitete sich die Wildnarzisse auf von Menschen geschaffenen Wiesen aus. Dort ist sie durch verstärkten Gülleeinsatz aber zunehmend gefährdet.

Auf den Wiesen bei Börfink findet man noch eine zweite, später blühende Art: die Dichter-Narzisse (*Narzissus poeticus*) mit weißem Perigon und gelben Innenkrönchen. Sie wird auch Weiße Narzisse genannt und kommt ursprünglich aus dem Mittelmeergebiet.

Wer besonderes Glück hat, kann im Frühling die Wanderung der Grasfrösche in ihre Laichgewässer erleben. Es muss ein sonniger, warmer Märztag sein, an dem die Frösche, oft schon Huckepack, losziehen. Das perfekte Timing – was uns Menschen verborgen bleibt – ist erforderlich, denn oft sind die Laichgewässer, Gräben und Tümpel noch halb zugefroren, wenn sie aus dem Wald kommen. Dann schlagen sie geradezu Purzelbäume, es wibbelt und wabbelt, begleitet von einem wahren Froschkonzert. Sie laichen deutlich früher als die Kröten im Wasser ab und verschwinden gleich wieder in den Wald. Der Augenblick ist so kurz, dass wir ihn meist nicht bemerken, aber wer ihn einmal erlebt hat, wird ihn nie mehr vergessen.

Die Frühblüher oder „Geophyten", wie man sie auch bezeichnet, müssen nun zeitig an den Start gehen; allen voran das Buschwindröschen (*Anemone nemorosa*). Ihre weißen, meist mit sechs Blütenblättern versehenen Sterne, leuchten Kopf an Kopf unter den noch kahlen Buchenbeständen und im Trauntal. Eile ist angesagt; wenn sich die Blätter aus den Knospen der Buchen entfal-

ten, schließt sich von jetzt auf gleich der Kronenraum und es wird dunkel am Boden. Dann müssen die Frühblüher geblüht und gefruchtet haben. Während des Sommers ziehen sie ihr Blattwerk wieder ein, als wären sie nie da gewesen. In ihren Speicherknollen warten sie auf den nächsten Frühling.

Und dann, Ende April/Anfang Mai, je nach Höhenlage, ist er endlich da – der Frühling im Buchenwald. Es gibt kaum etwas Berauschenderes für einen Förster und Waldliebhaber, als den Blattausbruch der Buche zu erleben. Aus den spindeldünnen Knospen entwickeln sich keine Einzelblätter, sondern neue Triebe, neue Zweige. Anfangs hängen sie noch weich und zart herab, richten sich aber in wenigen Tagen rasch aufwärts zum Licht. Im Kronenraum kaum sichtbar, öffnen sich aus dickeren Knospen Blüten und Blatt. Pollenstaub schwebt durch die Luft, und das frische Grün der Buchenwälder setzt sich vor dem azurblauem, Frühlingshimmel und den Felsformationen des Nationalparks deutlich ab.

▼ Buschwindröschen

▲ Buchenblatt

Am Boden keimen aus den Bucheckern neue Buchenpflanzen. Dicht steht die Buchennaturverjüngung in den Altbeständen. Der Kampf ums Licht hat begonnen. Die Buche, Mutter des Waldes, ist wenig duldsam. Selbst im hohen Alter ist sie im Kronenraum ausbaufähig, bis sich ihre Zweige mit denen der Nachbarn berühren. Dann lässt sie kein Licht mehr an den Boden, bis eines ihrer älteren Bestandesmitglieder ausfällt.

Der alljährliche Zauber des frischen Grüns ist allemal viel zu kurz. Spätfröste sind bei uns nicht selten und setzen dem Buchenlaub unter Umständen arg zu. Mit dem Blattausbruch schlüpfen auch die ersten Räupchen, wie die des Nagelfleck-Schmetterlings. Koinzidenz, also „Zeitgleichheit" ist notwendig, da jetzt die Blätter noch weich und von den kleinen Kauwerkzeugen der Raupen leicht zu bearbeiten sind. Der Nagelfleck ist als tagaktiver Nachtfalter vom Buchenfrühlingswald nicht wegzudenken. Raupenkot rieselt hörbar aus den Buchenkronen. Raupen fressen Blätter, und Spechte sammeln

Raupen. Der Kreislauf vom Werden und Vergehen nimmt im Wonnemonat Mai rasche Fahrt auf.

▶ Totholzeiche von frischem Buchengrün umgeben

◄ Zitronenfalter auf
Seidelbast

▶ Buschwindröschen

Folgende Seiten:
Wilde Narzissen
Pollenstände der Buche

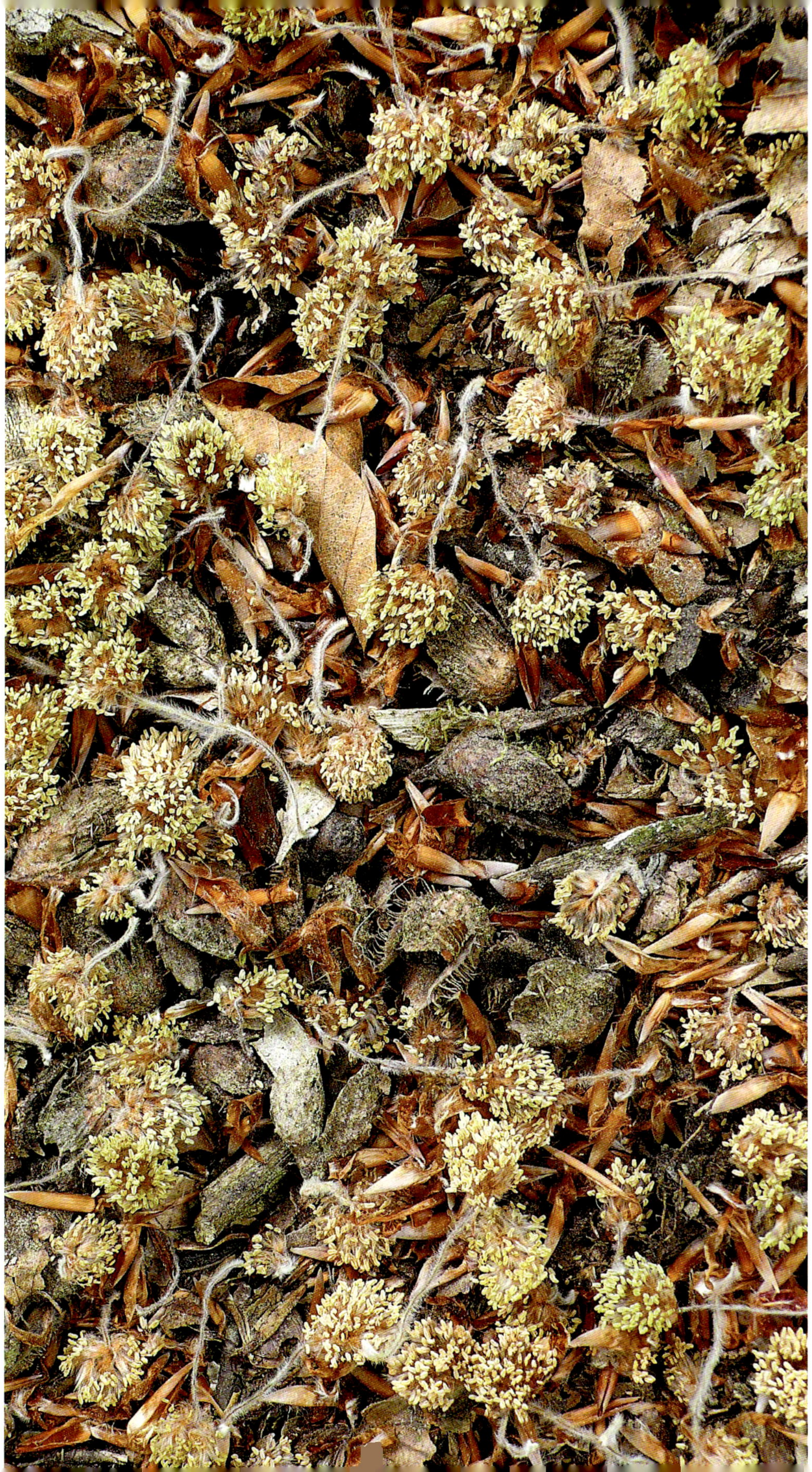
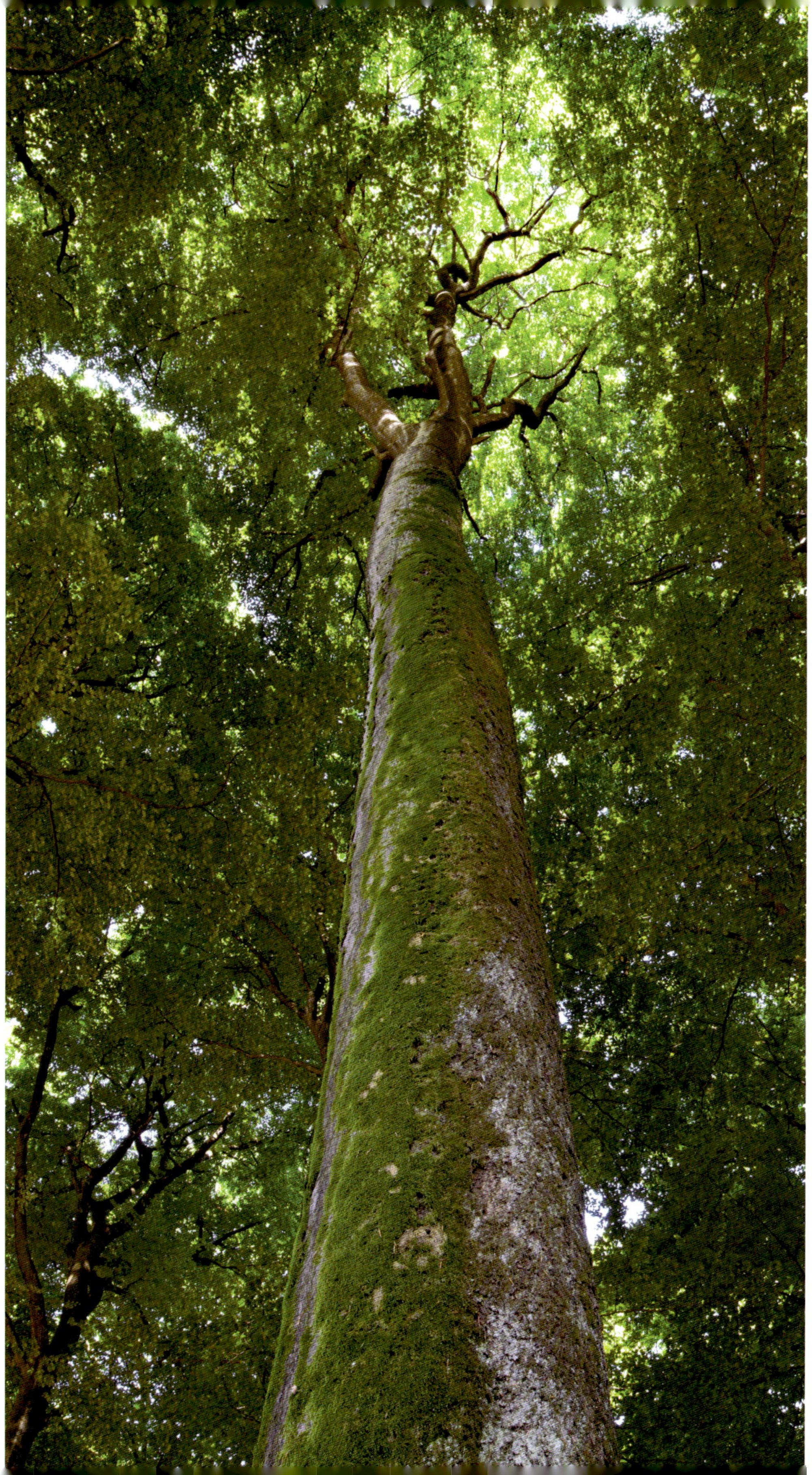

◄ Vorherige Doppelseite:

Wilde Narzissen

Tagpfauenauge auf
Blüte der Salweide

▶ Baum und Fels, stetige
Verbindung im National-
park Hunsrück-Hochwald

▶ Raupe des Nagelfleck-
Schmetterlings

Schwarzstörche und andere „Schreitvögel"

Der Schwarzstorch ist eine Leitart des Waldnaturschutzes. Er brütet im Nationalpark Hunsrück-Hochwald. Die naturnahen geschlossenen Wälder mit ihrem alten Baumbestand und den vielen kleinen Bachläufen, die er zur Nahrungssuche nutzt, bieten ihm ideale Lebensbedingungen.

Neben dem Schwarzstorch kommen unmittelbar oder im Umfeld des Nationalparks noch zwei weitere Schreitvögel mit „langen" Beinen vor: der in Kolonien brütende Graureiher und der Weißstorch.

Der Schwarzstorch

Der störungsempfindliche „Waldstorch" bevorzugt für die Anlage seiner sehr großen Reisignester alte, großkronige Buchen oder Eichen im Waldesinneren. Sein viele Zentner schwer werdendes Nest baut er fast immer im unteren Kronenbereich, direkt am Stamm oder auf starken Seitenästen. Wenn der Schwarzstorch nicht gestört wird, kehrt er immer wieder an dasselbe Nest zurück und baut es von Jahr zu Jahr weiter aus. Es kann viele Jahre zum Brüten genutzt werden.

Seine Nahrung findet er in den Hunsrückbächen und auf feuchten Waldwiesen. Gerne nutzt er auch Tümpel und Teiche außerhalb des Waldes zur Nahrungssuche. Die Jungvögel fallen in den ersten 3 bis 4 Lebenswochen auf dem Nest kaum auf. Ihnen fehlt noch das leuchtende Rot an Schnabel, Augenring und Beinen. Außerdem liegen sie außerhalb der Fütterungszeiten in diesem Alter fast regungslos in der Nestmulde.

Obwohl das Kopf- und Halsgefieder des Altvogels bei näherem Betrachten und besonders im Sonnenlicht einen grünlich-lila-bläulich und purpurfarben metallischen Schimmer hat und Beine und Hals auffallend rot gefärbt sind, erscheint der Schwarzstorch im Wald beim Anflug eher wie ein unauffälliger Schatten. Es ist nicht leicht, den Vogel im Wald zu entdecken.

Der Schwarzstorch erreicht eine Größe von bis zu einem Meter und eine Flügelspannweite von ca. 2 Metern. Die Altvögel, die beide den Nachwuchs versorgen, entfernen sich nicht selten bis zu 25 km vom Nest. Sie suchen besonders in Mittelgebirgsbächen, flachen Teichen und auf Feuchtwiesen nach Nahrung. Als „Fischfresser" bevorzugen sie Bachforelle und Groppe. Sie fressen aber auch Amphibien, Insekten und Mäuse.

Alle zwei bis drei Stunden tauchen sie bei den hungrigen Jungen auf und speien das Futter, das sie im Kehlsack transportiert haben, mitten im Nest aus. Sie verschwinden ebenso schnell und fast unsichtbar, wie sie gekommen sind.

Der mächtige Flügelschlag und der Wind, der dadurch unter dem Kronendach entsteht, ist eine einmalige Erfahrung. Die Jungvögel putzen sich regelmäßig, und wenn fast alle feinen Daunen verschwunden sind, steht der Ausflug kurz bevor. Viel trainiert haben sie zuvor mit ihren Schwingen in der schier unendlich langen Zeit auf so engem Raum.

Kleinere Ausflüge werden am Ende der Brutzeit in die umgebenden Äste unternommen. Wenn einer „Anlauf" nehmen will, müssen die Geschwister mal kurz zur Seite treten, denn viel Platz hat man auf so einer kurzen Start- und Landebahn nicht. Ab August/September treten die stolzen Vögel ihre Reise in den Süden an. Manche überwintern bereits auf der iberischen Halbinsel. Die meisten unserer Schwarzstörche bevorzugen aber als

▲ frisch ausgeflogener Schwarzstorch-Jungvogel

 Schwarzstorch Altvogel

Winterquartier die westafrikanische Savanne zwischen Sahara und tropischem Regenwald.

Schwarzstörche waren in Rheinland-Pfalz seit Ende des 19. Jahrhunderts ausgestorben erst 1982 gab es in der Eifel wieder einen Brutnachweis. Heute schätzt man das Vorkommen mit den Schwerpunkten Eifel und Westerwald auf über 50 Brutpaare. Auch im nördlichen Saarland haben in den vergangenen Jahren nachweislich zwei Schwarzstorchenpaare gebrütet. Im Jahre 2008 hat im Landkreis Birkenfeld, mitten im heutigen Nationalpark, das erste Schwarzstorchenpaar seit dem 19. Jahrhundert erfolgreich seine Jungen aufgezogen.

Bei der Storchendame handelte es sich sogar nicht um eine Unbekannte: Über die Ringnummer weiß man, dass sie im Jahr 2005 im Département Cote d`Or in der französischen Region Burgund bei der französisch-luxemburgischen Aktion „Störche ohne Grenzen" beringt wurde und aus einem Gelege von drei Jungvögeln stammte. Die „Störchin aus Burgund" und ihr Partner haben in den letzten Jahren in mehreren Bruten erfolgreich Jungvögel aufgezogen.

Die Rückkehr der Schwarzstörche nach Rheinland-Pfalz und in das Saarland wäre ohne die Naturschutzbemühungen seitens der Forstverwaltungen beider Länder in den vergangenen Jahren so sicherlich nicht möglich gewesen. So wurden zum Beispiel im Forstrevier Züsch, auf dem Neuhof und im Eisener Staatswald zahlreiche Tümpel-, Flachwasser- und Feuchtbiotope angelegt. Dies hat sich zunächst im Amphibienschutz positiv ausgewirkt und nun auch bei Storch und Reiher. Wenn die Bäche und Tümpel, wie in dem extrem heißen Sommer 2015 trocken fallen, dann begnügen sich die „Schreitvögel" auch mit Mäusen, Heuschrecken und Reptilien – auf den frisch gemähten Waldwiesen und in den Tälern des Hunsrücks.

Der Weißstorch

Der unwesentlich größere Verwandte des Schwarzstorches ist der Weißstorch. Als Kulturfolger und „Kinderbringer" ist er den Menschen bestens bekannt. Im Jahr 2015 hat er erstmals seit 100 Jahren wieder im Landkreis St. Wendel gebrütet.

Man kann ihn heute wieder im Ostertal beobachten. Dort hat der Bund Naturschutz

Ostertal, mitten im Ort Werschweiler, eine Nisthilfe aufgestellt. Diese wurde sogleich erfolgreich zum Brüten genutzt. Mehrere Jungvögel flogen aus. Mittlerweile trifft man „Freund Adebar" auch wieder häufiger auf den Wiesen im Nahetal in der Nationalparkgemeinde Nohfelden.

Der Weißstorch brütet gerne auf Hausdächern. Er sucht als Kulturfolger förmlich die Menschennähe. Die Jungvögel sind auf ihren frei stehenden und exponierten Nestern wie auf einem Präsentierteller dargeboten. Sie haben weder Schutz vor extremer Sonneneinstrahlung noch vor Kälte und Regenwetter – zumindest dann nicht, wenn die Altvögel das Nest verlassen und die Jungen nicht hudern.

Die Weißstörche haben kein schützendes Laubdach wie ihre „schwarzen Kollegen" mitten im Nationalpark Hunsrück-Hochwald.

Der Storch – ob schwarz oder weiß – stellt dem Nationalpark Hunsrück-Hochwald und der gesamten Nationalparkregion durch seine Anwesenheit ein besonderes Gütesiegel aus.

Der Graureiher

Der dritte „Schreitvogel" ist der Graureiher. Er ist schon lange keine Seltenheit mehr in unserer Region. Graureiher brüten gerne in Kolonien, lieber auf Fichten als auf Buchen und mitunter am Waldesrand. Sie ernähren sich ähnlich wie unsere Störche und begnügen sich gerne auch mit Mäusen auf frisch gemähten Wiesen. Mitunter tauchen im

Nahetal als Herbst- und Wintergäste neuerdings auch Silberreiher auf und erweitern dadurch das Artenspektrum der „langbeinigen" Schreitvögel. Es ist ganz sicher ein Verdienst der Bemühungen des Naturschutzes insgesamt und im Besonderen der Naturschützer im Ostertal, dass durch die Renaturierung der Bäche (Oster) alter Lebensraum zurückgewonnen und wieder besiedelt werden konnte.

Sommerflor

Im Sommer begeistern Blütenpflanzen im Offenland und am Wegesrand

In Laubholzbeständen, insbesondere unter der Buche, fällt im Sommer kein Licht mehr auf den Boden. Der Kronenraum – Kopf an Kopf – schattet alles ab. Blütenpflanzen sucht man hier dann vergebens. Die Dynamik spielt sich im Nadelholz ab. Borkenkäfer bringen Fichten zum Absterben und schaffen mit sogenannten „Käferlöchern" neuen Lebensraum.

indwurf und deren natürliche Wiederbewaldungsflächen (Sukzessionsflächen) zeigen uns, wo sich die Natur ohne uns hin entwickelt und welche genialen Strategien sie mitunter geschaffen hat: Manche Samen, wie zum Beispiel die der Himbeere, können Jahrzehnte im Boden liegen und keimen erst dann, wenn die Wuchsbedingungen richtig sind. Typische Offenlandflächen sind die Magerrasen, Borstgrasrasen und Feuchtwiesen. Diese bieten konkurrenzschwachen Pflanzen, wie zum Beispiel dem Waldläusekraut im Schweizerbruch, eine große Chance. Als Pflegeflächen im Nationalpark ausgewiesen, benötigen sie mitunter eine einmalige, jährliche Mahd.

Auf Freiflächen, Lichtungen und entlang der Wege finden wir im Juli das Schmalblättrige Waldweidenröschen, das zu den Nachtkerzengewächsen zählt. Es blüht lila-rosa und wird wegen seiner silbrigen Samenfäden im Volksmund auch Engelshaar genannt. Eine Pflanze kann mehrere tausend Samen bilden, die kilometerweit fliegen können. Es

bevorzugt frische, kalkarme Böden, wie sie im Nationalpark vorkommen. Das Rehwild mag in unseren Breiten die Waldweidenröschen so gerne, wie wir Erdbeerkuchen mit Sahne essen. Man spricht daher auch von einer sogenannten „Zeigerpflanze", die uns etwas über den Standort und zudem über die Rehwilddichte verrät.

Auch der Rote Fingerhut gehört zu den Charakterpflanzen auf Waldlichtungen und am Wegesrand. Die zweijährige Staude bildet im ersten Jahr nur eine Blattrosette und startet erst im zweiten Jahr mit einem Blütenstand von bis zu 100 Blütenglocken durch. Die Flecken in den Blüten dienen als Locksignale für die Hummeln. Der Rote Fingerhut enthält Herzglykoside, die pharmazeutisch aufbereitet Herzleiden lindern. Alle Pflanzenteile sind hochgiftig. Ihr Genuss kann zu Herzrhythmusstörungen und zum Tod führen.

Glockenblumen in allen Varianten, Fuchskreuzkraut, Großblütiges Springkraut, Blutweiderich und Wasserdost kommen ebenso auf Waldlichtungen und an den Säumen feuchter Waldränder vor. Der Wasserdost ist dabei besonders bedeutsam für unsere Schmetterlinge im Wald und dient Kaisermantel, Tagpfauenauge, Zitronenfalter und vielen mehr im Hochsommer als Nahrungslieferant. Königskerze, Wegwarte und Malve setzen den Reigen der Farbtupfer in Gelb, Blau und Rosa fort. An Orchideen finden wir das Gefleckte Knabenkraut und die Grünliche Waldhyazinthe.

Herausragende Blütenpflanzen im Nationalpark sind Arnika, Bärwurz und Blutwurz. In Thiergarten gab es noch bis in die 1980er Jahre eine Kräutersammelstelle, die von frischen Fichtenspitzen über Birkenblätter, Ginster- und Königskerzenblüten, Blut- und Bärwurz alles sammeln lies, was für Salben und Tinkturen, für Ansatzschnäpse und Schnäpse Verwendung fand. Für 1 Kg Bärwurz-Wurzeln zahlte man damals 13,- DM.

Heute ziehen einen wieder die goldenen Blütensterne der geschützten Arnika in ihren Bann. Ihr sattes, warmes Goldgelb leuchtet markant aus den bunten Wiesen hervor. Arnika ist aus Naturschutzsicht eine „Verantwortungsart" für uns, nicht nur in Rheinland-Pfalz, sondern weltweit. Das bedeutet, dass wir uns um diese Pflanzenart ganz besonders kümmern müssen. Von den Blüten der Arnika werden nicht nur die Insekten, sondern auch die Menschen angelockt. Wer Ende Mai / Anfang Juni zeitig aufsteht, kann bei Thranenweier den ersten „Braunfleckigen Perlmutterfalter" entdecken, wie er noch bedeckt vom morgendlichen Tau nach kühler Nacht im ersten Gold der leuchtenden Arnikablüten „badet".

Respektlos knabbert ein kleiner Fallkäfer an einer Arnikablüte, von der sich auch seine Larven ernähren, schlüpfen Blutströpfchenfalter neben blühendem Schlangenknöterich aus Puppenhülle und Gespinst. Langsam tauchen mit den ersten Sonnenstrahlen die Lilagold-Feuerfalter auf. Sie sind wahre Kronjuwelen des Nationalparks. An den noch nassen Halmen klettern sie empor und brei-

▲ Wegwarte

Einleitungsseite links:
Malve

Einleitungsseite rechts
von oben nach unten:
Glockenblume,
Heckenrose, Teufelskralle

◄ Bärwurzblüte

ten ihre Flügel aus, sodass man überwältigt wird von ihrem Glanz und ihrer Schönheit.

Die Wiesen bei Thranenweier sind ein Eldorado für Blumen- und Schmetterlingsliebhaber gleichermaßen. Das bestandsbildende Borstgras ist trittfest und hat die mancherorts ehemalige Beweidung gut vertragen. Heute ist es mitunter das Rotwild, das dicht an und in der Siedlung auftaucht. Konkurrenzpflanzen werden abgeweidet und es entsteht ein vielfältiger Lebensraum für bodennahe, wunderschöne „Winzlinge". Blutwurz und Bergblatterbse nutzen den Raum.

Auch kommen hier alleine drei Ginsterarten vor, die deutlich kleiner sind, als der uns allen bekannte Besenginster. Der Flügelginster, der Färberginster und der Behaarte Ginster. Der Flügelginster ist in der Lage, bei extremer Trockenheit seine Blätter abzuwerfen, um sich vor allzu starker Verdunstung zu schützen. Mit den am Stängel ausgebildeten „Flügeln" (flache Verbreiterungen) kann er fortan selbst ohne Blätter Photosynthese be-

treiben. Auch der Behaarte Ginster (Verdunstungsschutz) steht für extreme Trockenheit. Bärwurz wächst und verbreitet sich, wie viele andere Pflanzen auch, unmittelbar am und über den Wegesrand. Die Blüten des Mausohrhabichtskrautes leuchten zitronengelb neben dem behaarten Löwenzahn. Wir finden Wiesenleinkraut, einen Halbschmarotzer, und den kleinen Klappertopf, der seinen Namen von den reifen Früchten hat, in denen sich der Samen beim Schütteln hörbar hin und her bewegt.

Das Zittergras mit kleinen Blüten wiegt sich neben dem viel größeren groben und rauen Pfeifengras im Winde. Heuschrecken hört man in der Mittagsstille zirpen. Auf den typischen, vererdeten Ameisenbulten leuchtet der Wilde Thymian in einem kräftigen Lila. Es duftet, summt und brummt über den Wiesen. Das Geflügelte wie das Schöne Johanniskraut stehen um den 24. Juni gelb in Blüte.

Goldgelb scheint eine Farbe dieses Nationalparks zu sein, die sich geradezu wie ein leuchtendes Band durch das Grün der Moose und Wälder und das Blau der Bäche und Tümpel zieht. Sind es die goldgelben Narzissen des Trauntales, die im zeitigen noch kalten Frühjahr die Landschaft verzaubern, schließen sich später die Rapsflächen zwischen den Wäldern und anschließend der Ginster rund um den Erbeskopf an.

Den Abschluss der Blütenpflanzen bildet wohl die Herbstzeitlose, die blattlos und lilafarben im September die Wiesen ziert. Wer genau hinschaut und zur rechten Zeit am richtigen Ort ist, erkennt rasch, dass der Nationalpark Hunsrück-Hochwald mehr ist als ein dunkler Wald.

▲ Walderdbeere

◄ Königskerze

◄ Arnikablüte

▶ Winzig kleine
Blutwurzblüte

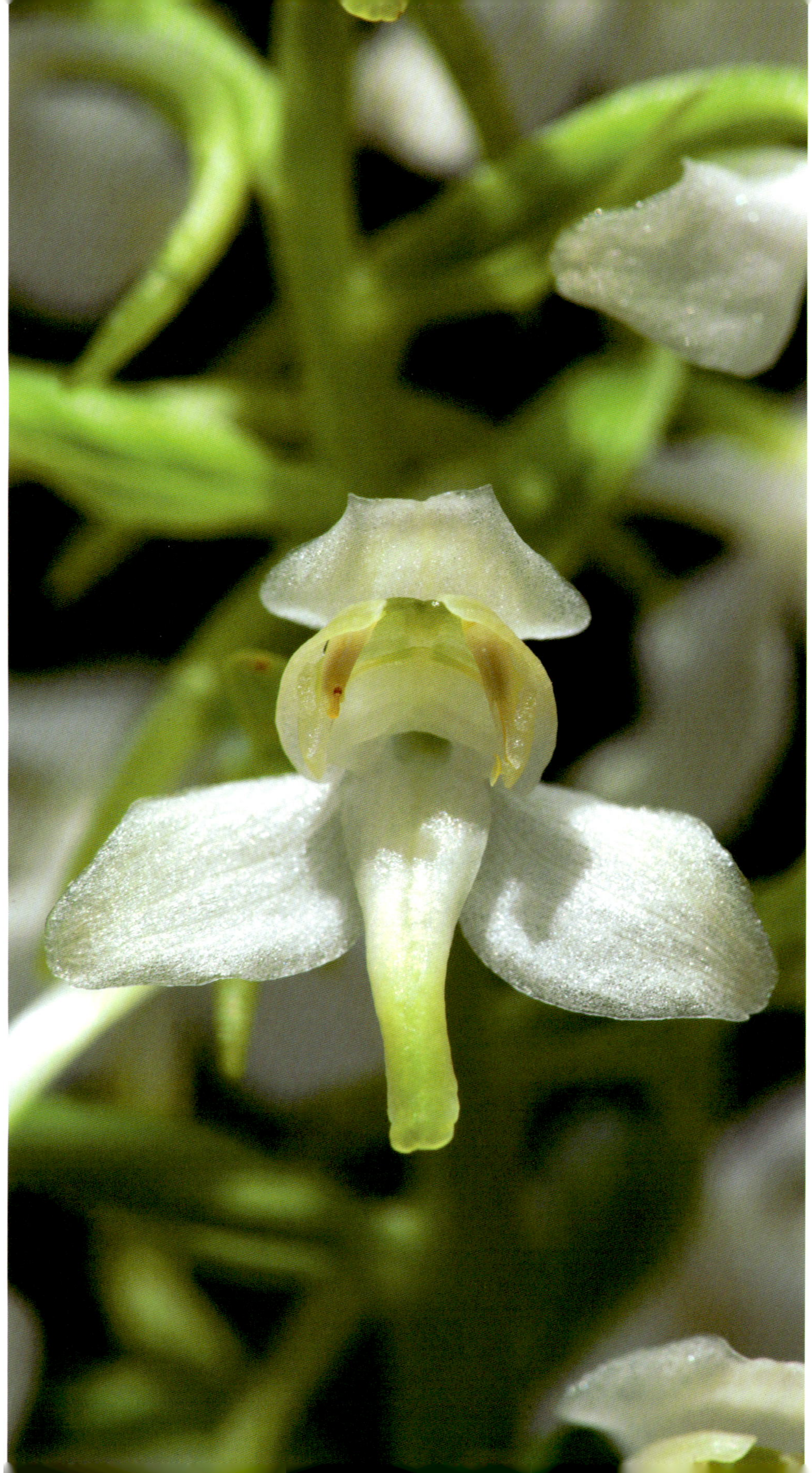

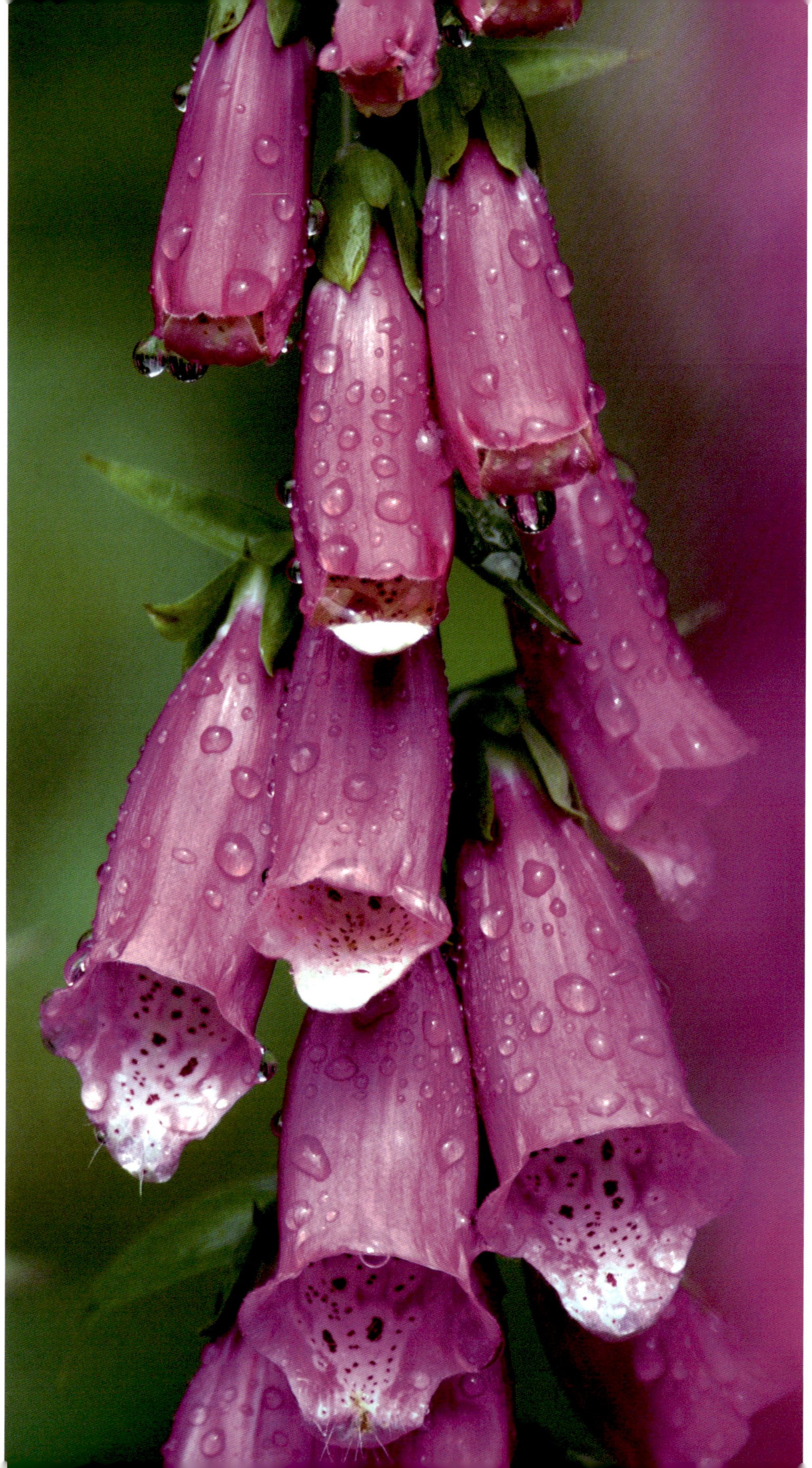

◄ Schachbrettfalter

► Blaugrüne
Mosaikjungfer

Tiere im Nationalpark Hunsrück-Hochwald

Der Nationalpark Hunsrück-Hochwald beherbergt fast alle typischen Wildtierarten wie sie in den Wäldern unserer Breiten vorkommen. Rotwild, Schwarzwild und Rehwild sind Standwild, das heißt, sie kommen dauerhaft hier vor. Der Rothirsch ist dabei das größte bei uns lebende Säugetier und kommt in stattlicher Zahl vor. Wer sich einmal die Zeit für das Erlebnis der Brunft im Hunsrück genommen hat, wird begeistert sein. Auch wenn er die Tiere dabei nicht unbedingt gesehen hat – hören kann man sie frühmorgens oder abends in der Dämmerung von allen im oder am Rande des Nationalparks gelegenen Ortsteilen aus. Rotwild ist nicht territorial wie Rehwild, sondern zieht in Rudeln durch die Wälder. Das weibliche Alttier führt als Leittier das Rudel an. Dieses besteht aus weiteren älteren weiblichen Tieren, aus einjährigen sogenannten Schmaltieren und Schmalspießern sowie Kälbern. Das Alttier weiß genau, wo es Nahrung gibt, sei es auf den offen gehaltenen Wiesen im Wald oder im Herbst bei den samentragenden Buchen- und Eichenbeständen.

Die älteren Hirsche ziehen in Männerrudeln, die sich kurz vor der Brunft nach Kämpfen des Kräftemessens auflösen. Dann zieht der ältere und stärkere Hirsch den Hirschdamen hinterher und versucht sich zu verpaaren. Die Besitzansprüche werden durch Kämpfe und ein weit hörbares Röhren der Hirsche bekundet.

Niederwild wie Rehwild und Hase bevorzugt den sonnigen Waldrand und geht dabei dem Rotwild geschickt aus dem Weg. Den Steinmarder zieht es als Kulturfolger gerne in die Siedlungen, wo auch das Rotwild hinter den Häusern zum Waldrand gerne die Obstbäume aufsucht und Fallobst einsammelt.

Die Großkarnivoren (Luchs, Wolf) sind bisher (2015) noch nicht angekommen. Der Luchs, der im Pfälzer Wald im Rahmen des LIFE-Natur-Projektes ausgebürgert wird, kann aber über kurz oder lang auch im Hunsrück auftauchen. Selbst der Wolf ist schon in der Nähe. Aktuelle Nachweise aus dem Pfälzer Wald belegen das. In den Vogesen gibt es Rudel und im Saarland wird er vermutet.

Sicher vorhanden aber ist die Wildkatze, die eine regionale Verantwortungsart für Rheinland-Pfalz und das Saarland darstellt. Rheinland-Pfalz bildet sogar das größte geschlossene Verbreitungsgebiet in ganz Deutsch-

◄ von oben nach unten:
Rehbock (Jährling)
Junghase
Weibliches Rotwild
(Kahlwild)

▲ Bache mit Frischlingen

▶ Frischling

land. Dabei muss man bedenken, dass der Raumanspruch einer weiblichen Wildkatze etwa 1.000 bis 2.000 Hektar beträgt, für die männliche Katze (Kuder) beträgt er sogar 2.000 bis 2.500 Hektar. Als vornehmliche Mäusejägerin bevorzugt die Wildkatze frisch gemähte Wiesen, die in der Pflegezone des Nationalparks auch in Zukunft offen gehalten werden. Dennoch verlässt sie nicht gerne die Deckung und profitiert vom Strukturreichtum, wie ihn der Nationalpark künftig zu bieten hat. Vom Wind umgefallene Fichten bleiben in der Wildniszone liegen. Wurzelteller bleiben aufgerichtet und dienen so als Windbremse. Für die Aufzucht ihrer Jungen benötigt die Wildkatze Höhlen in Bäumen oder in den kluftigen Felsrippen und Blockschutthalden, die es reichlich im Nationalpark gibt. Sie bevorzugt abwechslungsrei-

▲ Rehbock im hohen Gras

◀ Junge Wildkatze

▶ Wildkatze: Du siehst mich nicht, aber ich sehe Dich!

che, naturnahe Laubmischwälder sie. Dabei kommen ihr besonnte Hangwälder sehr entgegen. Die Wildkatze benötigt Verbreitungskorridore zur genetischen Blutauffrischung. Besonders gefährdet ist sie dabei durch den dichten Straßenverkehr. Wer sie im Sommer nicht zu Gesicht bekommt, kann sie anhand ihrer Spuren im winterlichen Schnee leicht bestätigt finden.

Wildfreigehege Wildenburg

Der Hunsrückverein e. V. unterhält ein 42 ha großes Wildfreigehege am Fuße der Wildenburg oberhalb von Kempfeld. Der Verein konnte 2006 das vierzigjährige Bestehen des Wildfreigeheges feiern. Hier lassen sich weit ab vom Straßenverkehr und der Alltagshektik Wildtiere wie Rotwild, Damwild, Schwarzwild und Rehwild beobachten. Auch Wildkatzen und Wölfe sind in der Gehegeanlage gut zu sehen. Die ehrenamtliche Arbeit in der Auffang- und Auswilderungsstation des Wildkatzenzentrums Wildenburg nimmt dabei eine besondere Stellung ein. Die Wildenburg ist offizielle Informationsstelle des Naturparks Saar-Hunsrück, der mit einer Größe von insgesamt 2.055 Quadratkilometern den Nationalpark umschließt und sich über die

Länder Rheinland-Pfalz und das Saarland erstreckt. Die Wildenburg wird künftig auch eines der Eingangstore des Nationalparks Hunsrück-Hochwald sein.

Vögel

Im Nationalpark kommen an heimischen Vogelarten vor allem diejenigen vor, die in unseren Mittelgebirgswäldern anzutreffen sind. Bei den Greifvögeln sind das vor allem der Habicht, der auch Vogel des Jahres 2015 ist, der Mäusebussard und der Sperber. Den Turmfalken finden wir vor allem in den Ortslagen, zum Beispiel in Börfink. Auch der Rote Milan und der Wespenbussard brüten am Rand der Wälder des Nationalparks. Sie können beim Beutefang mitunter auf den

◄◄ Linke Seite von oben nach unten:
Ricke mit zwei Kitzen
Röhrender Hirsch

◄ Roter Milan

▼ Kleiber, kopfüber

Offenlandflächen im Trauntal, um Börfink und Thranenweier beobachtet werden.

Der Rotmilan mit seinem typisch gegabelten Schwanz ist eine Vogelart, für die nicht nur die Länder Rheinland-Pfalz und Saarland, sondern auch ganz Deutschland eine besondere Verantwortung haben. Mehr als die Hälfte aller weltweit vorkommenden Rotmilane brüten in Deutschland. Sie kommen im Frühjahr zu uns, brüten hier und ziehen im Herbst wieder gen Süden.

Der Fischadler hingegen ist ein Durchzieher und nutzt gerne die günstige Situation des Forellenhofes im Trauntal im Frühjahr und im Herbst tagelang aus, um auf Beute zu sein. Dies gewährt ihm der Besitzer des Forellenhofes auch gerne, ist es doch ein einmaliges

Erlebnis für seine Gäste, im Lokal zu speisen und gleichzeitig den majestätischen Vogel mit Fisch in den Fängen am Fenster vorbeifliegen zu sehen.

An den Waldbächen wie der Traun jagen Wasseramsel und Eisvogel. Die Waldschnepfe kommt als häufiger Brutvogel in den Brüchern vor. Der Schwarzstorch brütet schon seit Jahren im dichten Buchenwald und geht in den Nasswiesen und an den Bächen auf Fischfang. Tannenhäher und Kolkrabe kommen im Nationalpark ebenso vor wie die Eulenarten Sperlingskauz, Raufußkauz, Waldkauz, Waldohreule und Uhu.

Die Anreicherung von Totholz im Wald des Nationalparks, wo die Natur Natur sein darf, bringt Struktur und Artenvielfalt. Das Nahrungsangebot wächst. Hiervon profitieren nicht nur die Spechte. Die Besiedelungsdichte steigt. Der Schwarzspecht, Leitvogel des naturnahen Buchenwaldes, begünstigt bis zu 40 Brutfolger-Arten, so unter anderem Hohltaube, Dohle, Raufußkauz, einige Fledermausarten, Kleinsäuger und Hornissen. Der Schwarzspecht weist als Einzelgänger ein sehr hohes Aggressionspotenzial in sei-

nem Revier auf. Beträgt der Abstand von Bruthöhlen im Durchschnitt circa 900 Meter, kann dieser bei entsprechendem Nahrungsangebot schon mal auf bis zu 400 bis 500 Meter sinken. Nicht nur die Vögel nutzen die im Totholz geschaffene Strukturvielfalt als Habitat. Auch unsere Fledermäuse gebrauchen Höhlen als Sommerquartiere.

Augen, die Dich sehen!
(folgende 2 Mosaikseiten Augen)

Auch wenn wir einmal kein Wildtier im Nationalpark zu Gesicht bekommen, weil es im Wesen dieser Tiere liegt, versteckt zu bleiben, kann es durchaus sein, dass wir von Wildtieren gesehen und beobachtet werden. Sei es die scheue und verdeckt lebende Wildkatze oder der Hirsch, der als ehemaliges Steppentier hervorragend äugt und jede Bewegung wahrnimmt. Die ruhig im kalten Bach stehende Forelle oder der Rote Milan mit scharfem Blick aus der Luft. Die Haselmaus mit ihren Knopfaugen ebenso wie die rot umrandeten Augen des Schwarzstorches. Sie alle sehen und registrieren unser Tun. Haben wir daher selbst ein Auge auf die Natur und achten ihre Gebote.

◄ Dompfaff

◄◄ Habicht

▲ Eichelhäher mit Eichel

◄◄ Linke Seite von oben nach unten:
Eisvogel mit Beute, Rotkehlchen und Sperber

Vorherige Doppelseite von links nach rechts:
weibliches Rehwild im Winter, Steinmarder, Haselmaus, Eichhörnchen

Herbst im Nationalpark

Farbspektakel Buchenwald und röhrende Hirsche

Wenn Anfang September das Grün der Buchenwälder einen gelben Farbstich bekommt, kündigt sich der Herbst mit raschen Schritten an. Lichtet sich der jetzt immer häufigere Nebel in den Tallagen, verspricht es wunderschöne Herbsttage zu geben. Wanderer treffen sich am Allenbacher Weiher und steigen hinauf in den Wald zum Ringskopf. Alle nutzen jetzt schnell noch das gute Wetter, spazieren über Steige und Pfade.

Die Brunft des Rotwildes nimmt ihren Lauf. Die Hirschrudel zerfallen in einzeln ziehende Hirsche, die Ausschau nach den Damen halten. Jetzt verlieren die Herrschaften leicht jegliche Scheu und Vorsicht und sind nicht selten tagaktiv. Manch kleineres Duell ist unter den älteren Hirschen ausgetragen und die Fronten sind geklärt. Der Stärkere wird bald beim weiblichen Rudel stehen und seine Ansprüche geltend machen. Ende September erreicht die Brunft ihren Höhepunkt. Das Röhren der Hirsche im Hunsrück-Hochwald ist ein unvergessliches Erlebnis.

Schnell wird es aber wieder still um den König des Waldes. Nach der Brunft tauchen die größten Säugetiere des Nationalparks wieder ab, als seien sie unsichtbar. Die Fettreserven sind nach der Kraftdemonstration aufgebraucht und müssen vor dem Winter wieder neu aufgebaut werden. Das ist nicht allzu schwierig, denn meist ist der herbstliche Gabentisch für alle reichlich gedeckt. Fette Eicheln und Bucheckern kullern zu Boden, bevor sie schützend vom Herbstlaub bedeckt werden.

Auch andere Früchtesammler sind unterwegs. Die Bergfinken, die in Scharen auf den Waldwegen auffliegen, sind ebenfalls an den Bucheckern interessiert. Für sie ist es praktisch, dass Spaziergänger ungewollt unter ihren Füßen die Schalen der kantigen Samen knacken. Dadurch kommen die Vögel mühelos an den Kern.

Dem herbstlichen Laubfall kommt in unseren Breiten eine hohe Bedeutung zu. Nicht nur, dass der Wechsel der Jahreszeiten seine besonderen Reize hätte und für Abwechslung sorgt. Wenn sich im Herbst der Boden zunehmend abkühlt, nehmen die Wurzeln immer weniger Wasser auf. Ab dem Gefrierpunkt wird die Wasseraufnahme ganz eingestellt. Da die Blätter aber weiter Wasser verdunsten, würde der Baum schließlich austrocknen. Durch das Abwerfen der Blätter wird die Verdunstung stark eingeschränkt.

Ehe die Blätter im Herbst fallen, tritt die Verfärbung ein. Sie erreicht wie alle Jahre erst Ende Oktober ihren Höhepunkt. Das Blattgrün wird abgebaut und mit anderen Stoffen wie Eiweiß und Stärke in den Stamm transportiert. Farbstoffe, die vorher vom Chlorophyll überdeckt wurden, treten nun in Erscheinung. Außerdem entstehen weitere Farbstoffe als Folge der Abbauvorgänge. Unbrauchbare Substanzen werden in die Blätter transportiert und dort abgelagert.

Die „Mutter des Waldes" ist die Rotbuche, die mit ihrer umfangreichen Farbpalette allen Bäumen voran brilliert. Von goldgelb über orange bis hin zu rotbraun erstrahlt der Wald des Nationalparks in satten und warmen Farbtönen. Niemand braucht den „Indian Summer" in Nordamerika zu suchen, er findet ihn zur rechten Zeit direkt vor der Haustür: im Nationalpark Hunsrück-Hochwald.

Frostfreie Nächte können uns lange diesen Anblick erhalten. Doch dann ist es Zeit, Abschied zu nehmen. Zwischen Zweigen und Blattansatz bildet sich ein Korkgewebe. Das Blatt trennt sich ab und verschließt die Wunde wasserdicht. Reisig und Totholz am Boden verhindern, dass die Blätter vom Winde verweht werden. Langsam verrotten sie und kehren so in den Kreislauf der Natur zurück.

Die letzten Blätter fallen lautlos zu Boden, und nur der Blick hinauf in den Kronenraum – zu den jetzt deutlich sichtbaren Knospen der Buchen – lässt uns auf eine Wiederholung des alljährlichen Reigens hoffen.

▼ Buchenblatt mit Buchenblattminiermotte

Totholz und Pilze

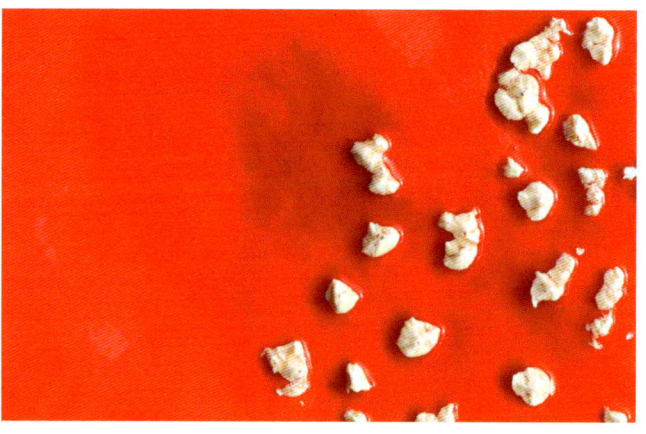

Wer an einen Wald-Nationalpark denkt, stellt sich unweigerlich urige und alte Bäume vor. Wenn „Natur Natur sein lassen" erst einmal gegriffen hat, wird der aus der Bewirtschaftung genommene Wald tatsächlich so auch einmal aussehen.

Als Entwicklungsnationalpark sollte man aber die notwendige Geduld mitbringen, um diesem Prozess eine Chance zu geben. Wer heute schon sehen will, wie der Urwald von Morgen aussieht, kann fortgeschrittene Stadien bereits in den Naturwaldreservaten bzw. Naturwaldzellen (z.B. „Kahlenberg" oder „Gebück") vorfinden. Diese Bereiche, die schon vor vielen Jahren gänzlich unter Schutz gestellt wurden, haben einen hohen Anteil an alten Bäumen, die einen natürlichen Tod sterben. Zwieseläste brechen aus,

ganze Kronen können bei einem Sturm zusammenfallen. Mulmkörper entstehen in Astkehlen und flächigen Wunden. Aber auch Pilze wie der Flache Schillerporling sind als „Großhöhlenbildner" an lebenden Rotbuchen und Bergahornen aktiv und schaffen Lebensraum. In großen Baumöffnungen finden anschließend der Waldkauz und andere Höhlenbewohner ein Quartier. Die Anreicherung an Totholz in solchen Beständen ist enorm.

Doch Totholz lebt – was wir aber nicht gleich auf den ersten Blick erkennen. Bohrmehlhäufchen der Käfer und Larven unter einem alten Buchenstamm signalisieren uns, dass hier fleißig gearbeitet wird. Runde Bohrlöcher der Holzwespen, ovale Bohrlöcher der Bockkäfer. Wer all diese Erkennungsschlüssel genau studiert, wird schnell auch ohne direkten Anblick der Tiere von der enormen Besiedlungsintensität überrascht sein. 20 % aller Waldarten leben von alten und toten Bäumen, alleine 1.400 Käferarten sind auf abgestorbene Bäume angewiesen.

Die mikroklimatischen Eigenschaften von stehendem und liegendem Totholz unterscheiden sich stark. Stehendes Totholz weist im Vergleich zu liegendem erheblich stärkere Schwankungen des Feuchtigkeitsgehaltes und der Temperaturgänge auf. Daher leben an der Bodenfeuchte konstant ausgesetztem Holz zum Teil ganz andere Pilz- und Gliederfüßerarten. Liegendes, dickes Totholz hat wegen seiner hohen Speicherkapazität für Feuchtigkeit einen sehr positiven Einfluss auf die Stabilität von Wasserhaushalt und Luftfeuchte der Wälder.

Hier können in hohen, morschen Baumstümpfen noch Höhlenbrüter wie der Buntspecht leicht ihre Wohnung bauen. Ein besonders aktiver und bedeutsamer Pilz, der Zunderschwamm, hat dabei den Weg gebahnt. Er ist es, der sich mit seinem Myzel (fadenförmiges Pilzgeflecht) schon lange im Holz alter Buchenstämme „durchgefuttert"

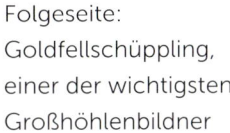 ▲ Stehendes und liegendes Totholz

Folgeseite:
Goldfellschüppling, einer der wichtigsten Großhöhlenbildner

 ▶ Zunderschwamm an einer Buche

hat, bevor der erste Fruchtkörper sichtbar wird. Sind seine Konsolpilze dann schon häufiger am Stamm verteilt, ist die Weißfäule bereits so weit fortgeschritten, dass der Stamm bei einem leichten Windstoß bricht und meterhohe Stumpen im Bestand stehen bleiben.

Der Zunderschwamm baut die Holzbestandteile Zellulose und Lignin vergleichsweise schnell ab, sodass große, mit dicken Myzelmatten ausgefüllte Schrumpfungsrisse entstehen. Der Abbau der elastischen Zellulosefasern bewirkt eine Versprödung des Holzes, die fast gesetzmäßig zum Bruch bzw. zur Bildung der charakteristischen hoch abgebrochenen Baumstämme führt.

Nun ist Lebensraum für viele Holzbewohner geschaffen, für einige, die gerne am liegenden Holz die Stammunterseite und Schatten mögen, aber auch für andere, die gezielt die Sonnenseiten aufsuchen.

Frische, aktive Fruchtkörper des Zunderschwamms bilden Unmengen an Sporen, die Eiweiß enthalten und schon früh im Jahr ab März eine ergiebige Nahrungsquelle für eine Vielzahl von Arten sind. Die Substanz älterer Fruchtkörper des Zunderschwamms wird von mindestens 20 Käferarten unmittelbar gefressen, sowohl von der Larve als auch vom „erwachsenen" Kerbtier. Wegen seiner Größe von 7 mm ist der Kerbhalsige Baumschwammkäfer (*Bolitophagus reticulatus*) am auffälligsten; weitere Arten sind zum Beispiel der Große Schwammpochkäfer (*Dorcatoma robusta*) und der Pilzfresser (*Ropalodontus perforatus*).

Vorseite von links nach rechts:
Steinpilze
Buchenstachelbart
Birkenporling
Hallimasch an Buche

▶ Riesenporling

▼ Buchen-Schleimrübling:
zartes Gebilde aus
hartem Holz

Werden und Vergehen – die Reduzenten (Mineralisierer) sind im absterbenden Holz pausenlos bei der Arbeit. Damit sich Käferpopulationen entwickeln, aufbauen und halten können, bedarf es sehr großer Mengen an starkem Totholz. Dieses wird im Nationalpark dauerhaft und großflächig angeboten.

Bedeutsam für die Artenvielfalt ist aber nicht nur die Buche, sondern auch die Fichte, die noch schneller zersetzt wird und zuvor vielen Bewohnern Quartier und Nahrung gibt. So dienen die in ihr häufig vorkommenden Rossameisen dem Schwarzspecht gerne als Winternahrung. Eichen haben einen sehr langen Zerfallsprozess, der wiederum sein eigenes Spektrum an Käfern und Pilzen aufweist.

Man muss häufiger vor Ort sein, wenn man derartige Prozesse auch nur annähernd mitverfolgen möchte. Pilze am Holz erscheinen zwar fast das ganze Jahr über. Man denke nur einmal an den Austernseitling, der spät im Jahr eine Frostnacht zum Start benötigt. Die Fruchtkörper von Rotrandigem Baumschwamm (schwarz, rot, gold), Birkenporling und Lackporling sind ebenso wie die des Zunderschwamms dauerhaft am Stamm zu sehen.

Viele Pilzfruchtkörper sind aber so schnell wieder vom Baum verschwunden wie sie gekommen sind, derweil das Myzel im Stammesinneren weiter wächst. Und gar viele Pilze bleiben verborgen und haben womöglich noch nie einen Fruchtkörper gezeigt. Was Arten und Formenvielfalt angeht, sind Totholz und Pilze also ein unendlicher Entdeckungsraum. Der Nationalpark widmet ihnen einen besonderen Forschungsschwerpunkt.

Viele Pilze sind mit ganz bestimmten Bäumen vergesellschaftet. So leben sie mit ihnen in Wurzelsymbiosen oder besiedeln als Folgezersetzer ganz bestimmte Holzarten. Auffallend sind der Riesenporling insbesondere an alten Buchenstöcken oder der Schwefelporling an alten Eichen. Der schneeweiße Schleimrübling bricht aus den Rissen an alten Buchen hervor. Während der Sparrige Schüppling ein Spezialist der Stammbasis ist, geht der ihm sehr ähnlich aussehende Goldfellschüppling bis hinauf in die Kronen. Er ist wiederum einer der wichtigsten Großhöhlenbildner an lebenden Rotbuchen.

Pilze zum Eigenverzehr dürfen im Nationalpark Hunsrück-Hochwald in den Pflegezonen

◄ Fliegenpilz

▼ Zunderschwammfruchtkörper positionieren sich neu, nachdem die Buche umgefallen ist. Die Sporen sollen wie beim Salzstreuer optimal Verbreitung finden.

gesammelt werden. Man kann diese Meisterwerke der Natur aber auch fotografisch sammeln – ohne dass sie dabei Schaden nehmen.
In Form und Farbe zeigen sie sich, zudem mit
Röhren oder Lamellen ausgestattet, äußerst
einfallsreich und fotogen.

▼ Der flache Schillerporling,
ein Großhöhlenbildner

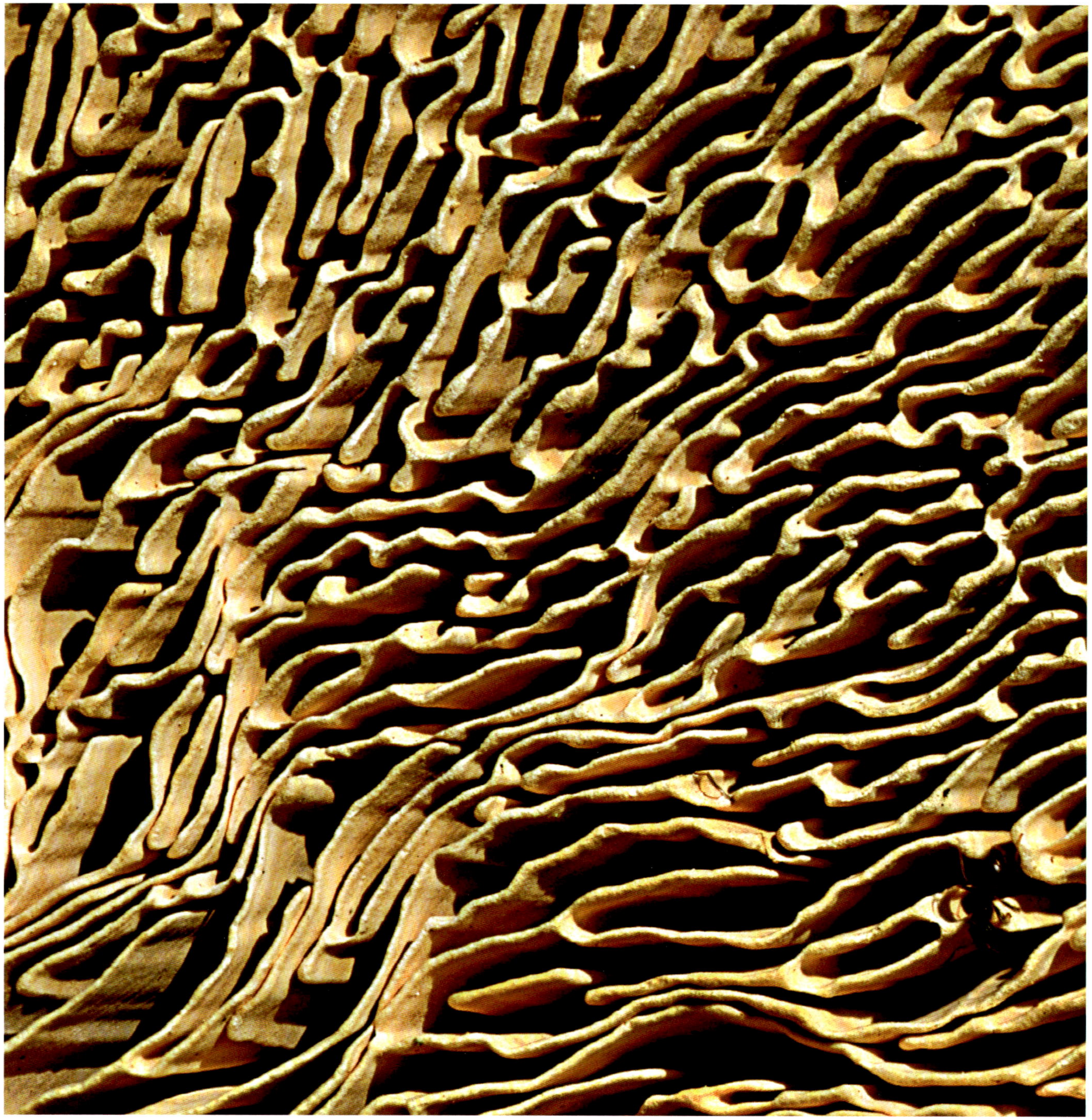

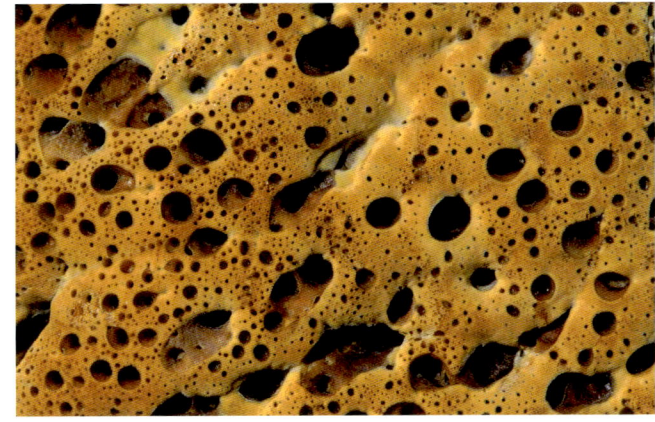

Winter im Nationalpark Hunsrück-Hochwald

Wer im Saarland oder in Rheinland-Pfalz im Zeitalter der Klimaerwärmung noch einen echten Winter erleben möchte, der kann dies im Nationalpark Hunsrück-Hochwald, auf den Höhenlagen und rund um die mit 816 m über NN höchste Erhebung, den Erbeskopf, tun.

Bereits im November, wenn nach tagelangem Nebel der Wind auf Ost dreht und messerscharf über die Höhenlagen pfeift, hält der Winter Einzug. An Fichten und Buchen, die den Nebel auskämmen, bilden sich anfangs winzige Eiskristalle. Als Raureif oder „Duftanhang" wird diese Erscheinung von Förstern bezeichnet. Hält diese Witterung längere Zeit an, können die Kristalle bis zu mehreren Zentimetern mächtig werden. Gewaltig ist das Gewicht, das nun auf den Bäumen lastet. Kein Baum und Strauch wagt sich jetzt mehr zu bewegen. Bei stärkeren Windböen würden die Kronen brechen. Filigran ist der Überzug und unterstützt optisch die Schönheit des Gezweigs. Kommt noch Schneefall hinzu, verschwinden wieder viele Konturen unter der mächtigen Schneedecke. Verworrenes wird wie mit einem großen Laken zugedeckt.

Große Flächen kommen zur inneren Ruhe, Stille kehrt ein. Makellos präsentieren sich die Hügel der Borstgrasrasen bei Thranenweier. Die Moore fallen in einen Tiefschlaf.

Kaum eine Spur, kaum eine Fährte zeichnet sich hier ab. Wildtiere haushalten mit ihren Reserven, sie stellen ihre Aktivitäten ein und bleiben gerne in der schützenden Dickung. Knospenkost ist angesagt, von „Konzentratselektieren" (Feinschmeckern) spricht man beim Rehwild, und gerade in den Knospen findet sich eine enorme Ansammlung von Nährstoffen.

Die Traun friert an den Ufern zu, Eiszapfen bilden sich an ihrem Überhang, und in manchen Jahren kann der Winter bis in den März anhalten. Mächtig hohe Schneelagen können ganze Bereiche auch völlig unzugänglich machen. Wildtiere zeigen sich uns nicht gerne, kaum einer wird die scheue Wildkatze zu Gesicht bekommen. Wenn wir aber im Winter mit einem Ranger unterwegs sind, können uns Spuren und Fährten der vorhandenen Wildtiere im Schnee gezeigt und erklärt werden. Wer die Stille und Schönheit der Natur schätzt, wird sie in ganz besonderem Maße im Winterwald des Nationalparks Hunsrück-Hochwald finden.

◄ Keltenring unter
Tiefschnee

▶ Verschneite Bulten der
Borstgrasrasen bei
Thranenweier

▼ Knopfbock

◄ Ricke auf der Suche nach Knospenäsung

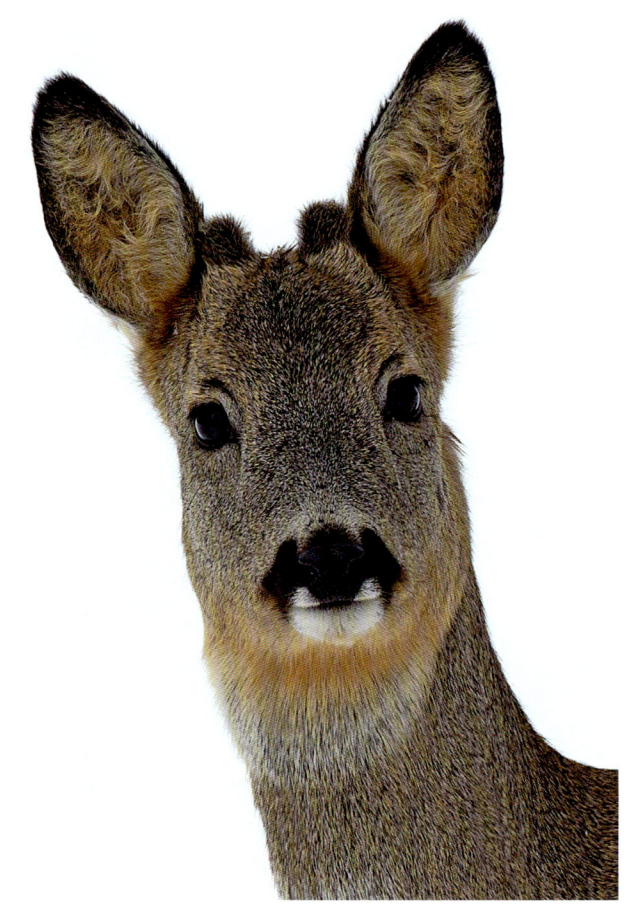

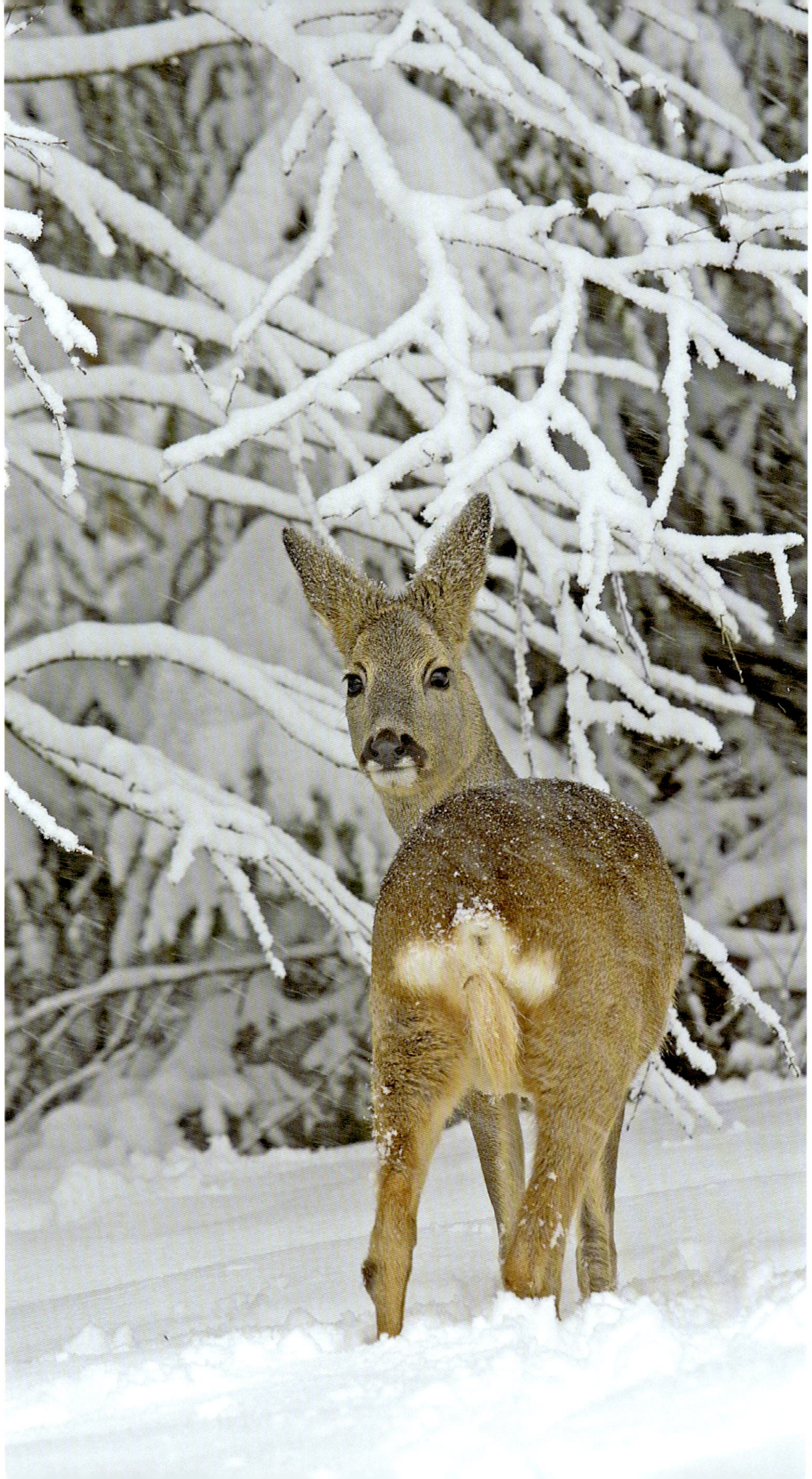

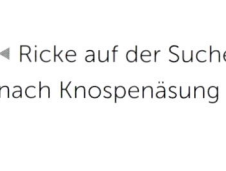

► Mannfels bei Otzenhausen

◀ Gehörn-Abwurfstange
vom Rehbock

▶ Zwei kantige
Bucheckern fallen je aus
einer vierblättrigen
Fruchtkapsel.

Nachfolgende Seiten:
Tief verschneites
Buchenaltholz
Ilex (Stechpalme) mit
Früchten

Kelten und Keltenring

Natürlich, mit Geschichte!

Der Nationalpark Hunsrück-Hochwald hat Geschichte. Dies bezeugt auch eine ganze Reihe keltischer Befestigungen, die sich auf den Höhenzügen der Felsrippen an markanten Stellen befinden und einen guten Ausblick in und über den Nationalpark hinaus bieten. Die Steine der Rosselhalden (Blockschutthalden) dienten nicht selten als leicht zugängliche Steinbrüche für den Bau der Mauern.

Eine der heute noch zu bestaunenden, bedeutendsten keltischen Befestigungsanlagen befindet sich auf dem Dollberg bei Nonnweiler, der mit 695 Metern ü. d. M. höchsten Erhebung des Saarlandes. Der Dollberg ist Teil eines von Südwesten nach Nordosten verlaufenden, lang gezogenen Quarzitrückens (die „Dollberge"). Er liegt genau auf der Landesgrenze zwischen dem Saarland und Rheinland-Pfalz. Der größere Teil der Dollberge befindet sich daran anschließend in Rheinland-Pfalz mit dem Friedrichskopf im Landkreis Birkenfeld, der mit 707 Metern ü. d. M. die höchste Kuppe der Dollberge darstellt.

Auf dem Dollberg bei Otzenhausen liegt der „Hunnenring", wie er im Volksmund häufig bezeichnet wird, eine keltische Siedlungsanlage. Der Ringwall hat allerdings nichts mit den Hunnen zu tun. Der Begriff könnte sich von „Hünen" = Riesen oder „Hunnig" = König ableiten lassen.

Vom Ringwall von Otzenhausen im Westen über das Vorkastell bei Buhlenberg, den Ringskopf bei Allenbach, die „Kirschweiler

Festung" bis hin zur Wildenburg im östlichsten Teil des Nationalparks liegen die Festungen wie Perlen an einer Kette. Teilweise hat sich die Natur das Terrain zurückerobert, heute wachsen nicht nur Moose und Flechten auf den Steinen der einstigen Befestigungswälle.

Der keltische Ringwall von Otzenhausen zählt zu den imposantesten Keltenfestungen in ganz Europa. Sein wahres Ausmaß erkennt man am besten per Flugzeug aus der Luft. Der beeindruckende Nordwall ragt heute noch bis zu 10 Meter hoch hinauf. Er ist von Wald umgeben, mitunter von den ältesten Buchen, die der Nationalpark aufweist. Als kulturhistorisches Erbe und innerhalb des Nationalparks als Pflegezone ausgewiesen, darf er freigeschnitten und dem Menschen auch weiterhin zugänglich gemacht werden.

Eine erste keltische Befestigung wurde auf dem Dollberg bereits im 4. Jh. v. Chr. errichtet, wie aktuelle Forschungen der Universität Mainz, unter Leitung von Dr. Sabine Hornung, zeigen. Diese Anlage könnte als Versammlungsstätte, Markt und vielleicht auch als Heiligtum gedient haben. Erst im 2. und der ersten Hälfte des 1. Jh. v. Chr. entstanden

dann die Befestigungen in ihrer heute sichtbaren Form, und der „Hunnenring" wurde zu einem der bedeutendsten Zentren des Stammes der Treverer. Warum man diese stadtartige Siedlung schließlich um die Mitte des 1. Jh. v. Chr. aufgab, ist noch nicht abschließend geklärt. Das Team der Universität Mainz erforscht jedoch seit 2010 im nur 5 km entfernten Hermeskeil einen römischen Militärstützpunkt, der während des Gallischen Krieges unter Julius Cäsar angelegt wurde.

Es ist recht wahrscheinlich, dass die Römer im Jahr 51 v. Chr. in den Hochwald kamen, um Aufstände der einheimischen Treverer niederzuschlagen. Der „Hunnenring" als bedeutendes Stammeszentrum könnte also durchaus eine Rolle in diesem spannenden Kapitel Weltgeschichte gespielt haben.

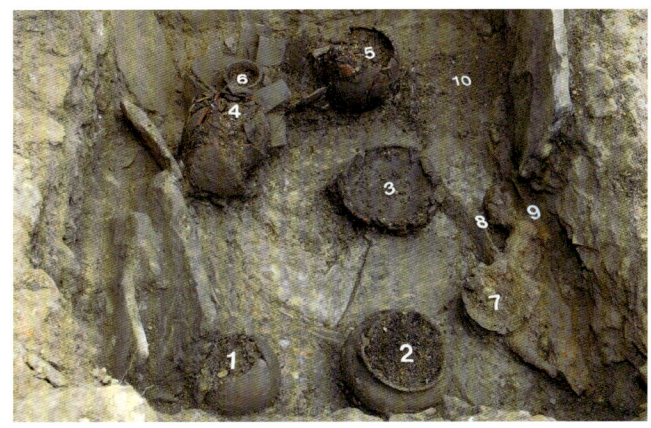

▲ Grab eines keltischen Kriegers

▼ Keltenpark bei Otzenhausen

▲ Keltenpark bei
Otzenhausen

▼ Keltenpark im Winter

Der Ringwall „Hunnenring" umfasst eine Fläche von 18,5 Hektar. Die mächtige Wallanlage beinhaltet mehrere tausend Kubikmeter Steine. An der Basis erreicht der Nordwall heute noch eine Breite von 40 Metern, eine Höhe von 10 Metern und eine Scheitelbreite von 3 Metern. Das Eingangstor mit einer doppelten Zugangskammer lag an einer schwer erreichbaren Stelle im Nordwes-

ten der Befestigung. Der Verlauf der alten Zuwegung ist archäologisch nicht nachgewiesen. Es wäre plausibel, dass der Weg von Norden kam und parallel zum nordwestlichen Randwall verlief. Man konnte den Torbau anhand der ergrabenen Pfostenlöcher rekonstruieren. Über eine steinerne Treppe, die eigens für den Besuch des preußischen Königs Friedrich Wilhelm III. 1836 gebaut wurde, gelangt man auch heute noch auf die Krone des Nordwalls.

Im Jahre 1999 nahm sich die Gemeinde Nonnweiler des „Hunnenrings" an und initiierte in Zusammenarbeit mit dem Landesdenkmalamt ein Projekt, das die Forschungen über diese Stätte reaktivieren und neue touristische Möglichkeiten prüfen sollte. Auf der Grundlage dieses Programms gründete sich im Jahre 2001 die gemeinnützige, kommunale, archäologische Grabungsgesellschaft Terrex gGmbH. Es folgte ein Förderverein des keltischen Ringwalls, der die Einwohner für die Belange der Archäologie sensibilisieren und das keltische Erbe ins Bewusstsein der Bevölkerung rücken möchte. Mit der Universität Mainz kam 2006 ein weiterer Partner aus dem Bereich der archäologischen Forschung hinzu. Durch diese vielfältige Zusammenarbeit wurde schließlich ab 2011 die Realisierung des Keltenparks Otzenhausen ermöglicht. Dieser besteht u. a. aus einem keltischen Dorf, dessen Bauten auf archäologischen Grabungsfunden basieren. Der Park stellt in Verbindung mit dem Nationalpark Hunsrück-Hochwald ein Besucher- und Erlebniszentrum dar, das seine Besucher gleichermaßen über die Themen Kelten und Natur informieren soll.

Nicht nur die Befestigungen des Hochwaldes zeugen von einer kulturellen Blüte der Region in keltischer Zeit, eine Vielzahl reich ausgestatteter Gräber ist zudem ein Zeichen wirtschaftlichen Wohlstandes der lokalen Oberschicht. Im frühen 4. Jh. v. Chr. wurden in den beiden Fürstengrabhügeln bei Nonnweiler-Schwarzenbach in Sichtweite zum keltischen Ringwall zwei lokale Stammesführer bestattet. Die kulturhistorisch bedeutsamen Grabfunde sind heute im Neuen Museum in Berlin und im Rheinischen Landesmuseum in Trier zu sehen. Bei der kostbaren „Goldschale" von Schwarzenbach handelt es sich in Wahrheit um die Beschläge eines Trinkhorns. Reich verzierte Bronzegefäße aus diesen Gräbern bezeugen zudem weitreichende Kontakte der Hochwaldkelten bis

nach Mittelitalien. Auch in der spätkeltischen und frührömischen Zeit wurden reiche Gräber in der Region angelegt, in denen vermutlich Angehörige des treverischen Stammesadels beigesetzt waren. Dieser Zeit entstammt auch das Gräberfeld bei Nonnweiler-Sitzerath, das unter der Leitung von Dr. Thomas Fritsch durch die Terrex gGmbH erforscht wird.

▼ Keltenring

Im Sommer 2014 konnte während der Ausgrabungen u. a. die letzte Ruhestätte eines treverischen Kriegers geöffnet werden. Diesem Moment beizuwohnen und ihn fotografisch festzuhalten, bevor die Fundstücke vom Ausgrabungsort entfernt wurden, war sehr beeindruckend.

Lebacher Eier

Die Lebacher Eier, benannt nach den „Lebacher Schichten", sind vor ca. 280 Millionen Jahren im Perm entstanden. Reste von Lebewesen oder deren Kot bildeten Kondensationskerne, um die sich eisenhaltiger Ton ansammelte. In der Mitte entstand ein Kern aus Siderit, Eisenkarbonat, der zum Rand des Lebacher Eis von immer mehr Ton ersetzt wird.

▼ Lebacher Eier

So entstanden diskusförmige, bis zu 50 cm durchmessende Knollen mit einem Eisengehalt von bis zu 25 Gewichtsprozent Eisenoxid. Die Lebacher Eier wurden im Tagebau gefördert und waren vom 17. bis 19. Jahrhundert die Grundlage der Eisenindustrie im Hochwald. Das aus ihnen in den Hochöfen gewonnene Roheisen hatte sehr gute Fließeigenschaften und wurde zum

Beispiel in der Eisenhütte von Abentheuer zu Ofenplatten verarbeitet. Die Öfen in der Region wurden mit Holzkohle befeuert. So finden sich noch heute viele alte Kohlenmeiler-Standorte im Wald. Die Köhlerei führte jedoch zu rücksichtslosem Holzeinschlag, der erhebliche Devastierungen zur Folge hatte.

Mit der zunehmenden Bedeutung der Steinkohle-Befeuerung in der zweiten Hälfte des 19. Jahrhunderts wanderten die eisenverarbeitenden Betriebe allmählich aus der Hochwaldregion ab, und die Lebacher Eier wurden wirtschaftlich bedeutungslos.

In der älteren Forschung wollte man die Lebacher Eier häufig auch mit einer keltischen Eisengewinnung in Verbindung bringen. Allerdings verstehen wir heute dank zahlreicher Verhüttungsexperimente und archäometallurgischer Untersuchungen den Prozess der Eisengewinnung mithilfe des in keltischer Zeit üblichen Rennfeuerverfahrens immer besser. Wir wissen, dass in den Rennöfen nur recht niedrige Temperaturen von etwa 1150 Grad erreicht wurden, sodass nur Erze mit deutlich höherem Eisengehalt als die Lebacher Eier gewinnbringend verhüttet werden konnten.

Waldkunst

„Die wahre Entdeckungsreise besteht nicht darin, neue Landschaften zu suchen, sondern mit neuen Augen zu sehen."

Marcel Proust (1871–1922), französischer Schriftsteller

▲ Buchenwald in Infrarot

▶ Totholz mit
Filtertechnik bearbeitet

Wald ist Kunst! Kompositionen von Farben und Formen sind in einer der artenreichsten Lebensgemeinschaften schier unerschöpflich. Das frische Grün des Buchenwaldes im Mai ist ebenso ein Kunstschauspiel wie der Farbenrausch im Herbst. Die engen Verbindungen von Stein und Baum, Felsen und Wald sind eine eigene künstlerische Sparte dieses Wald-Nationalparks, die morbiden Zerfallsformen uralter Bäume ebenso wie die Details im Makrobereich. Nebelverhangen und malerisch stimmungsvoll sind die Moore, nicht nur im Herbst. Man braucht die Meisterwerke der Natur also nur zu sehen und abzulichten. In der gehobenen, sehr strikten Naturfotografie sind hierbei auch nur Pol-und Graufilter erlaubt, PC-Arbeiten müssen sich auf minimale Korrekturen beschränken, wie etwa die Nachschärfung.

Erlaubt ist der geschickte Umgang mit Kamera und Objektiven. So lassen sich durch rasche Drehbewegung von Zoomobjektiven bei langer Verschlusszeit Wischeffekte, so-genannte „Wischer-Bilder" erzielen. Diese fertigt die Kamera auch bei rascher Bewegung selbst – horizontal wie vertikal –, während der Verschluss dabei geöffnet ist. Nicht für jedermann verständlich, erstellen Fotografen mit teurer Ausrüstung und präzise scharf stellender Optik auch schon mal bewusst „unscharfe" Fotos. Unwesentliches verschwindet hierbei gerne, der Blick wird auf die Dynamik im Bild gerichtet.

Als eingefleischter Naturfotograf und Förster steht man lieber im Wald oder in einem noch so eiskalten Bach im Winter, als dass man diese Zeit gerne am PC sitzen möchte. Dennoch verleitet es auch schon mal einen klassischen Diafotografen dazu, die Filterpalette eines professionellen Bildbearbeitungsprogramms zu testen. Manchmal bringt ein Öl- oder Pastellfilter malerische Effekte, an denen sich der Fotograf erfreut, würde er doch allzu oft lieber malen als fotografieren, wenn er in der raschlebigen heutigen Zeit noch die Muße dafür fände.

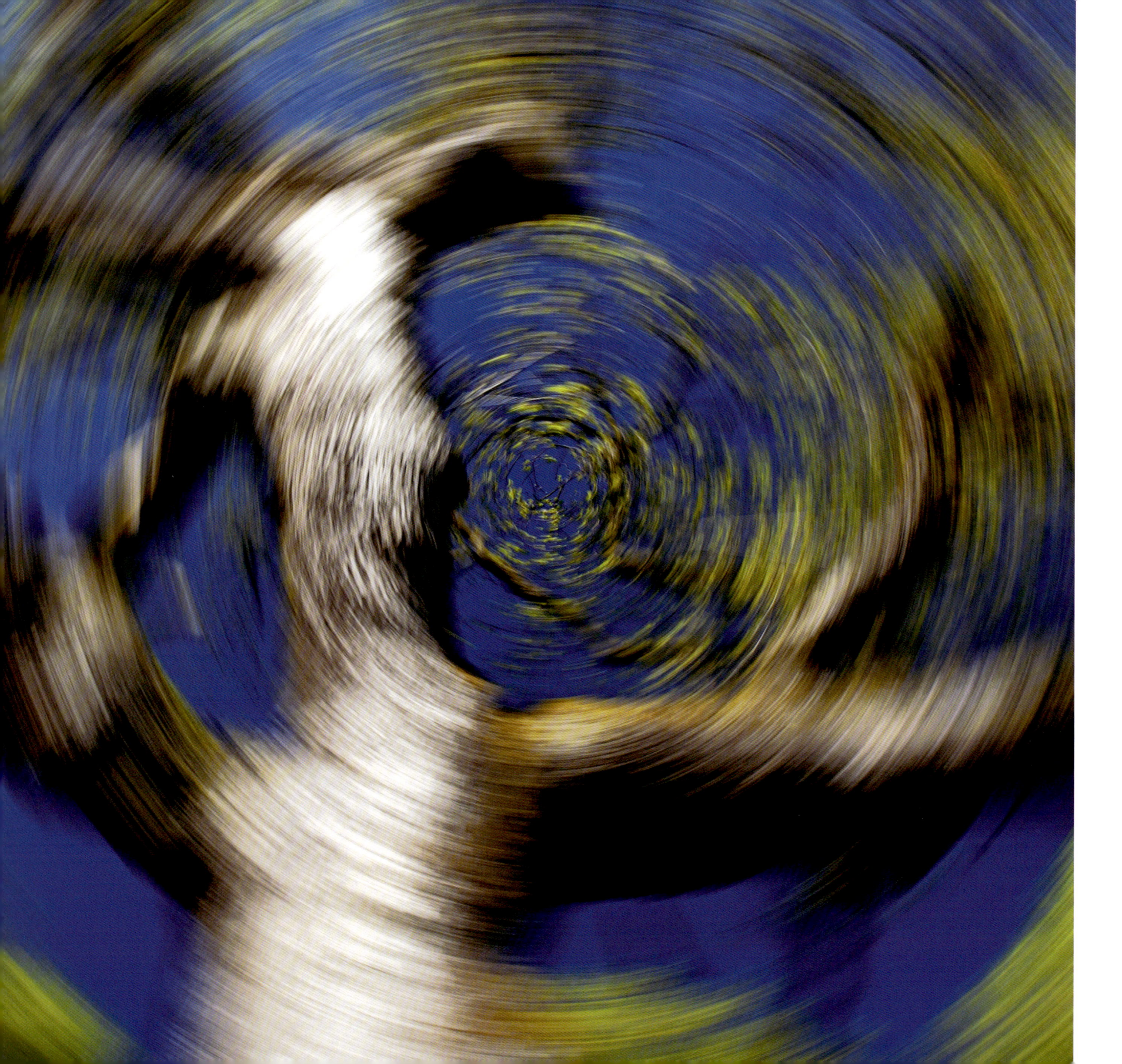

Rosselhalden

Nationalpark – steinreich

Blockschutthalden sind riesige Steinansammlungen, die natürlich entstanden sind. Im Hunsrück nennt man große Steine „Rosseln", daher der regionale Begriff „Rosselhalden".

Vor ca. 400 Millionen Jahren gab es im Hunsrück ein Meer. Dessen Sandablagerungen wurden durch weitere Schichten darüber und insbesondere durch Druck, der bei den Verschiebungen der Erdplatten entstand, immer mehr verdichtet. Es bildeten sich harte, aber spröde Felsformationen – der Quarzit. Durch physikalische Verwitterungsprozesse im steten Wechsel von Gefrieren und Auftauen – besonders am Südhang – kam es zur sogenannten „Frostsprengung". Aus großen Felsen wurden Zug um Zug kleinere Formationen.

Diese abgesprengten Felsblöcke sammelten sich in Mulden oder am Fuße der Teilhänge an. Besonders schöne Beispiele sind der „Mörschieder Burr", der „Silbereich" auf dem Wildenburgrücken, die „Rosselhalde" bei der Ortschaft Katzenloch, der Südhang bei Vorkastel, der Nordhang der Kirchweiler Festung und kleinere Blockschutthalden im Bereich des Mannfelsen und des Kahlenberges auf saarländischer Seite.

Da diese Kleinode immer schon behutsam behandelt wurden und größtenteils bereits länger als Naturschutzgebiete ausgewiesen sind, konnte sich die Natur hier frei entfalten.

Blockschutthalden sind Extremstandorte, die wegen ihrer Lage nicht nur in der Eiszeit, sondern heute noch hohen Temperaturschwankungen ausgesetzt sind. Baumpioniere wie Sandbirke und Eberesche siedeln sich in ihrem Randbereich an. Erwähnenswert ist die Karpartenbirke, die eine Besonderheit im Nationalpark Hunsrück-Hochwald darstellt. Auch mächtige Bergahorne findet man im Bereich der Rosselhalden. Abgesehen von den typischen Birken-Ebereschenwäldern ist ansonsten keine großflä-

◄ Rosselhalde mit Zackenmützenmoos unterhalb der Wildenburg bei Katzenloch

► Beersträucher und Birken an der Rosselhalde

▼ Waldeidechse

chige Besiedlung mit Gehölzen möglich. Das mag daran liegen, dass sich zwischen den mächtigen Blöcken auf Dauer kein Feinboden hält.

Gerade diese fehlende Vegetationskonkurrenz höherer Pflanzen erlaubt es den scheinbar „schwächeren" Arten, hier dauerhaft Fuß zu fassen. Es sind die auf den ersten Blick eher unscheinbaren Moose und Flechten, die sich beim näheren Betrachten als Wunderwerke der Natur entfalten.

Flechten sind eine Verbindung zwischen Alge und Pilz. Man nennt diese Gemeinschaft zum gegenseitigen Vorteil auch „Symbiose". Während der Pilzkörper für Bodenhaftung, Struktur und Wasseraufnahme sorgt, betreiben die Algen darin Photosynthese zum Nutzen beider Teile. Flechten wachsen extrem langsam, gerade einmal im Bereich von wenigen Millimetern jährlich. Hier wird wie im Moor deutlich, dass der Faktor Zeit – und damit für uns Geduld – eine wichtige Rolle spielt.

Die nur schwer zugänglichen Steinansammlungen der Blockschutthalden halten den Besucher gerne von sich aus schon auf

Distanz. Selbst mit bestem Schuhwerk knickt man hier allzu oft um und verstaucht sich leicht die Knöchel. Dafür hat man auf der „Mörschieder Burr" oder am „Hohenfels" dank guter Erschließung durch Wege und Pfade viele Möglichkeiten, Einblick in diese einmaligen Lebensräume zu gewinnen. Und es ist auch von großem Vorteil, wenn man nicht nur unruhig umherläuft. Das etwas längere Verweilen an einem Ort erlaubt erst die Möglichkeit, näher hinzuschauen und die filigranen Gebilde auf und zwischen den Steinblöcken zu entdecken.

◄ Von oben nach unten:
Rosselhalde: Nordhang
der Kirschweiler Festung

Blick vom Vorkastell   ▼ Landkartenflechte

Von den natürlichen Steinvorkommen über den Ringwall zum Kulturprogramm „steinreich"

Den durch die Rosselhalden bedingten Steinreichtum haben vor über 2000 Jahren die Kelten genutzt und den auch heute noch imposanten Ringwall von Otzenhausen gebaut. Dieser inspirierte wiederum die Kultur-LandschaftsInitiative St. Wendeler Land („KuLanI") dazu, ihr Kulturprogramm im Rahmen des LEADER-Konzeptes „St. Wendeler Land steinreich" zu benennen. Mit diesem Programm verfolgt die KuLanI das Ziel, das Bewusstsein für die Besonderheiten der mit den Kelten beginnenden 2500-jährigen Kulturgeschichte des St. Wendeler Landes zu fördern.

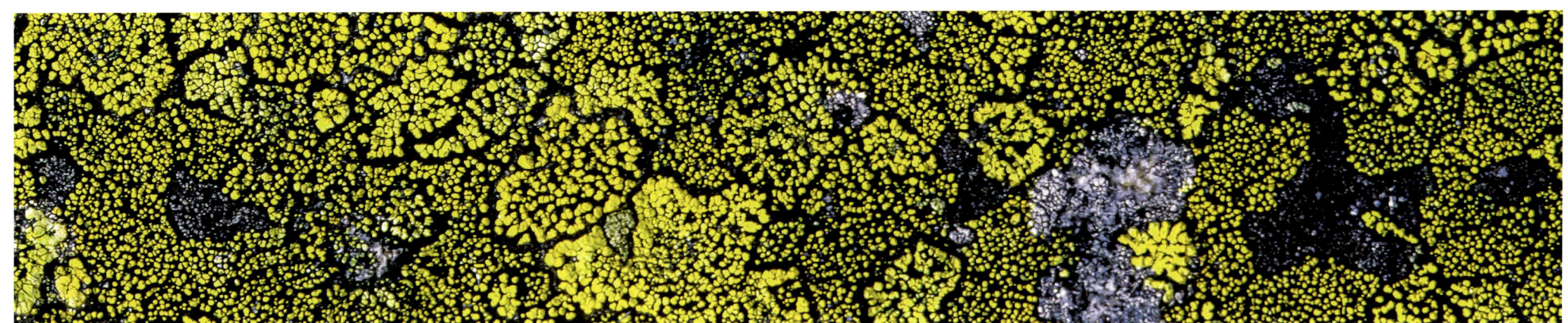

Bildlegenden Mosaike

36 | Blüten

Von links oben nach rechts unten über die ganze Doppelseite: Buschwindröschen, Waldweidenröschen, Herbstzeitlose, Lichtnelke, Fingerhut, Arnika, Arnika Wiese, Schönes Johanniskraut

58 | Am Wasser

Von links oben nach rechts unten über die ganze Doppelseite: Bergmolch von unten, Bergmolch auf Wasserlinsen, Blau-Grüne Mosaikjungfer beim Schlupf, Grasfroschpaar, Gelbbauchunke, Feuersalamander, Froschlaich, Kaulquappen, Ringelnatter

78 | Farne

Von links oben nach rechts unten über die ganze Doppelseite: Königsfarn, Adlerfarn, Wurmfarn, Wurmfarn mit Sporenkapseln, Eichenfarn, Straußenfarn, Wurmfarn, Straußenfarn aufgerollt, Adlerfarn Bestand

102 | Augen

Von links oben nach rechts unten über die ganze Doppelseite: Hase, Hirsch, Erdkröte, Kernbeißer, Schwarzstorch, Scheinaugen des kleinen Nachtpfauenauge-Schmetterlings, Eichhörnchen, Fasan, Habicht, Stockente weiblich, Mensch (Chefauge Dr. Egidi, Leiter Nationalparkamt), Bachforelle, Sperber, Hornisse, Wildkatze, Schwarzspecht, junge Wildente, Uhu

126 | Pilze

Von links oben nach rechts unten über die ganze Doppelseite: Rotrandiger Baumschwamm, Zunderschwamm auf Birke, eingeschleppter Tintenfischpilz, Tropfender Schillerporling, Flacher Lackporling, Kartoffel-Bovisten, Buchenschleimrübling, Austernseitling, Schmutzbecherling

150 | Blätter/Früchte

Von links oben nach rechts unten über die ganze Doppelseite: Keimende Bucheckern, Fichtenzapfen, Bucheckerhäuschen, Haselnüsse, Buchenlaub, Eicheln der Stieleiche, sich öffnende Bucheckerhäuschen, Stieleicheln im Schattenbild

168 | Schmetterlinge/Käfer

Von links oben nach rechts unten über die ganze Doppelseite: Weiblicher Sägebockkäfer, Schwalbenschwanz, Raupe des Weinschwärmers, Lebensraum Wiese, Lila-Gold-Feuerfalter, Hirschkäfer, Weinschwärmer, Braunfleckiger Perlmutterfalter

Literaturhinweise

S. Hornung (Hrsg.), Mensch und Umwelt I – Archäologische und naturwissenschaftliche Forschungen zum Wandel der Kulturlandschaft um den „Hunnenring" bei Otzenhausen, Gem. Nonnweiler, Lkr. St. Wendel. Universitätsforsch. Prähist. Arch. 192 (Bonn 2010).

S. Hornung, Mensch und Umwelt – Besiedlungsgeschichte, Kulturlandschaftsgenese und sozialer Wandel im Umfeld des „Hunnenrings" von Otzenhausen, Kr. St. Wendel, Saarland. In: P. Trebsche / I. Balzer / C. Eggl / J. Fries-Knoblach / J. K. Koch / J. Wiethold (Hrsg.), Architektur: Interpretation und Rekonstruktion. Beitr. Ur- u. Frühgesch. Mitteleuropas 55 (Langenweissbach 2009), 203-211.

S. Hornung, Ein spätrepublikanisches Militärlager bei Hermeskeil (Lkr. Trier-Saarburg). Vorbericht über die Forschungen 2010-2011. Arch. Korrbl. 42, 2012, 205-224.

T. Fritsch, Der keltische Ringwall « Hunnenring » von Otzenhausen. Ein Führungsheft. In: Rheinische Kunststättenhefte, Köln 2004.

T. Fritsch, Der Herr des Ringwalls. Eine Geschichte aus der Zeit unserer keltischen Vorfahren am keltischen Ringwall bei Otzenhausen. Ein Jugendbuch zum Thema Kelten in der Region Hochwald. Sötern 2010.

T. Fritsch, Das Latènezeitliche und römische Verkehrswegenetz in der Mikroregion um den Ringwall „Hunnenring" von Otzenhausen – Erstellung eines Modells anhand der Laser Airborne Scanning Methode. In: Bull. Soc. Préhist. Luxembourgeoise 25, 2013, 229-257.

Terrex gGmbH (Hrsg.), Kelten und Römer im St. Wendeler Land (Marpingen 2010).

M. Peter, Indutiomarus – Der Herr des Ringwalls Otzenhausen. Versuch einer Biographie (Otzenhausen 2009).

M. Peter, Hochwald-Keltenland (Otzenhausen 2015).

M. Wiegert, Der „Hunnenring" von Otzenhausen. Die Siedlungsfunde und Bebauungsstrukturen einer spätlatènezeitlichen Höhenbefestigung im Saarland. Internationale Archäologie 62 (Rahden 2002).

► Wehlenstein

Danksagung

▲ Rippenfarn, steriler
Wedel

Mein besonderer Dank gilt vor allem meiner lieben Frau Bettina, die in diesem Jahr extrem viel Rücksicht auf mein Tun genommen hat. Sie hat bei dem doch sehr waghalsigen und gänzlich selbst finanzierten Projekt eines Buches von Anfang an dahintergestanden und mich bei so manchem Tief ermuntert weiterzumachen. Ganz besonderer Dank gilt vorneweg auch dem Leiter des Nationalparkamtes, Dr. Harald Egidi, und Dr. Volker Wild, dem Leiter des Referates Arten- und Biotopschutz, Fischerei beim saarländischen Umweltministerium. Beide waren zu jeder Tages- und Nachtzeit erreichbar, haben mir über die Schulter geschaut und mich tatkräftig unterstützt. Sie haben von Anfang an daran geglaubt, dass dieses Buch einmal fertig wird. Ihre Zuversicht war hilfreich und hat sehr gut getan. Gerne habe ich auch die Unterstützung von Wolfgang Wiesen angenommen. Er ist Clubmitglied beim Fotoclub Tele Freisen und Vizepräsident des Deutschen Verbandes für Fotografie. Danken möchte ich auch meinem Bruder Josef Funk, der selbst passionierter Fotograf ist, Frau Eva Henn, Herrn Philipp Kinder, Frau Dr. Sabine Hornung von Nationalparkamt und der Universität Mainz, Herrn Claus-Andreas Lessander, Herrn Wilhelm Zimmermann und Herrn Markus Klein vom Nationalparkamt, Herrn Dr. Thomas Fritsch von der Terrex gGmbH, Herrn Michael Koch vom Freundeskreis Keltischer Ringwall Otzenhausen e. V., Herrn Dr. Georg Möller (Experte für holzbewohnende Insekten und Waldökologie, Büro für Dendroentomologie), Frau Margret Scholtes, Herrn Dr. Steffen Caspari vom saarländischen Zentrum für Biodokumentation. Herrn Andreas Klotz vom TiPP 4 Verlag danke ich für die Beratung und Umsetzung meines Vorhabens. In ganz besonderer Weise und nicht zuletzt bin ich auch meinem Schwiegervater Herbert Fell zu Dank verpflichtet. Er hat mit seinen knapp 90 Jahren unvergesslich in diesem Jahr alle Arbeiten rund ums Haus erledigt, während ich bei der Sommerhitze hinter heruntergelassenen Läden tagelang Fotos ausgesucht und Texte erarbeitet habe.

Adressen

 **Nationalpark Hunsrück-Hochwald**

Brückener Straße 24
55765 Birkenfeld
Leitung: Dr. Harald Egidi
Telefon: 06131 884152-0
E-Mail: poststelle@nlphh.de
Web: www.nationalpark-hunsrueck-hochwald.de
E-Mail: konrad.funk@nlphh.de
E-Mail: konrad@naturfotografie-funk.de
Web: www.naturfotografie-funk.de

Naturpark Saar-Hunsrück

Trierer Straße 51
54411 Hermeskeil
Telefon: 06503 9214-0
Fax: 06503 9214-14
E-Mail: info@naturpark.org
Web: www.naturpark.org

Nationalparklogo

„Die Kelten und die Wildkatze sind die Top-Themen des Nationalparks. Dies spiegelt sich auch im Symbol des Nationalparks wider. Aus keltischen Ornamenten – einer Katze und einem Knoten – wurde das Nationalparkemblem „Keltenkatze" entwickelt. Der Nationalpark hat sich den Nationalen Naturlandschaften angeschlossen. Er führt im Logo deshalb deren Symbol in einer eigenen Farbgebung. Der blaue Außenrand steht für das Wasser der Bäche und Moore. Das Grün des Buchenlaubes und des Torfmooses dominiert das Zeichen. Gelb im Zentrum steht für den kulturellen Aspekt, zu finden im reifen Getreide oder in frisch gespaltenem Buchenholz.

Der Naturpark Saar-Hunsrück als Partner im funktionalen Schutzgebietssystem trägt die gleichen Farben in anderer Anordnung. Gelb dominiert, denn im Naturpark steht die regionale Kultur im Vordergrund."

Entnommen der Homepage:
www.nationalpark-hunsrueck-hochwald.de

IMPRESSUM

Nationalpark Hunsrück-Hochwald – Im Kleinen das Große entdecken
Konrad Funk

Fotografien und Texte:	Konrad Funk | konrad@naturfotografie-funk.de
Vorwort:	Dr. Harald Egidi, Leiter Nationalparkamt
Layout und Satz:	Michael Hildebrand und Tim Klotz
Druck und Gesamtherstellung:	druckpartner Druck- und Medienhaus GmbH, Essen
Herausgeber:	Konrad Funk
Verlag:	Andreas Klotz, TiPP 4 GmbH – Werbeagentur und Verlag
	Von-Wrangell-Str. 2, 53359 Rheinbach, Tel. 02226 911799
	E-Mail: tipp4@tipp4.de, www.tipp4.de, www.mondberge.com

Alle Landschafts- und Pflanzenbilder sowie die Mehrzahl der Tierbilder wurden im Nationalpark und in der Nationalparkregion aufgenommen. Einige wenige Tierbilder entstanden aus Naturschutzgründen in Gehegezonen.

ISBN 978-3-9439691-4-6 | Printed in Germany, 1. Auflage November 2015

Gedruckt mit bluegreenprint® – Ein Markenzeichen für nachhaltig ökologisches und soziales Drucken

bluegreenprint® beinhaltet alle geltenden Standards der Druck- und Medienbranche, ist klimaneutraler Druck und fördert weltweit wichtige ökologisch-soziale Projekte.
Gedruckt auf LuxoMagic – holzfrei weiß glänzend Bilderdruck, FSC zertifiziert , exklusiv erhältlich bei Papyrus Deutschland.